Notburga Grosser · Maria Koth

Alles klar!

Übungsheft

Sachrechnen und Größen

4

VERITAS
Gemeinsam besser lernen

Dieses Schulbuch wurde auf der Grundlage eines Rahmenlehrplans verfasst. Die Auswahl und die Gewichtung der Inhalte erfolgen durch die Lehrerinnen und Lehrer.

Liebe Schülerin, lieber Schüler,

du bekommst dieses Schulbuch von der Republik Österreich für deine Ausbildung. Bücher helfen nicht nur beim Lernen, sondern sind auch Freunde fürs Leben.

Mit Bescheid des Bundesministeriums für Unterricht, Kunst und Kultur, GZ 5.050/0007-B/8/2012, zur Aufnahme in den Anhang zur Schulbuchliste für Volksschulen für die 4. Klasse im Unterrichtsgegenstand Mathematik empfohlen und auch bezüglich Kompetenzorientierung und Bildungsstandards geeignet erklärt.

Schulbuchnummer: **160.514**

5. Auflage (2017) – Entspricht der Rechtschreibreform 2006.

Autorinnen:
Prof. Mag. Notburga Grosser, Kirchliche Pädagogische Hochschule Wien/Krems
Prof. Dr. Maria Koth, Pädagogische Hochschule Wien und Fakultät für Mathematik der Universität Wien
Lektorat: Kerstin Kauffold, Michaela Tröbinger-Lenzenweger
Herstellung, Umschlaggestaltung und Layout: Julia Bamberger
Bildredaktion: Nina Autengruber
Illustrationen: Marion Traunfellner (Zebra und Ente gezeichnet nach der Idee von Birgitta Heiskel)
Umschlagillustration: Birgitta Heiskel
Satz: dtp Veritas, Linz
Schulbuchvergütung/Bildrechte: © VBK/Wien

Alle Ausschnitte mit Zustimmung der VBK/Wien

ISBN 978-3-7058-8947-7

Für weitere Informationen steht Ihnen gerne Ihre VERITAS-Kundenberatung zur Verfügung.
Rufen Sie einfach an, schicken Sie ein Fax oder ein E-Mail!
Tel. 0043/(0)732/776451/2280, Fax: 0043/(0)732/776451/2239
E-Mail: kundenberatung@veritas.at
Besuchen Sie uns auf unserer Website www.veritas.at

Inhaltsverzeichnis

Die Lösungen zu diesem Übungsheft finden Sie unter http://alles-klar4.veritas.at!

Verwendete Symbole	
	Gruppen- oder Partnerarbeit
	Knifflige Aufgabe
	Welche Fragen passen? Was kannst du hier berechnen?

Größenvorstellung zu t, kg, dag, g

1 Kennst du die Einheiten?

1 g → (· 10) **1 dag** → (· 10) **10 dag** → (· 10) **1 kg** → (· 1 000) **1 t**

2 Schätze das Gewicht und färbe das Kästchen in der richtigen Farbe.

Briefmarke | Schultasche | Fahrrad

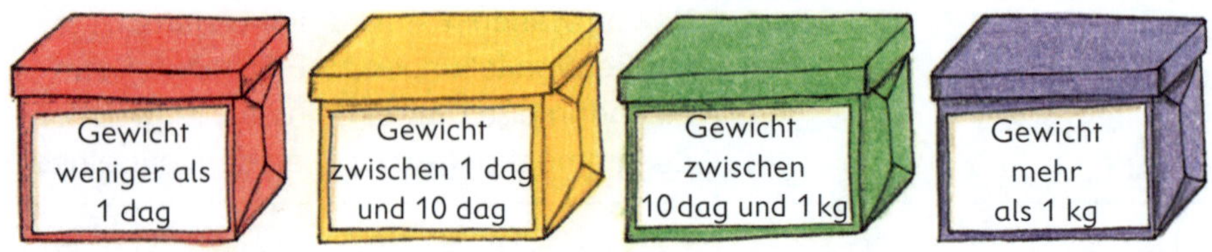

Baby | Apfel | Semmel

Banane | 100-Euro-Schein | 1 Blatt Papier | Hühnerei | 2-Euro-Münze | CD

3 Richtig dicke Dinger! Verwandle in kg und ordne nach dem Gewicht.

		Gewicht (in t)	Gewicht (in kg)
	Blauwal	130 t	
	Hubble-Weltraumteleskop	11 t	
	Pummerin	20 t	
	Taurus-Lokomotive	86 t	
1.	Eiffelturm	10 000 t	
	Airbus A300 (Leergewicht)	79 t	
	Elefant	5 t	
	LKW (vollbeladen)	40 t	

4 Überlege, welche Gewichtsangabe passt.

Hauskatze	3 dag	30 dag	3 kg
Scheibe Brot	4 g	4 dag	40 dag
Büroklammer	1 g	1 dag	1 kg
Erwachsener Mann	20 kg	35 kg	75 kg
Spatz	3 g	3 dag	30 dag
Orange	20 g	20 dag	2 kg
Ausgewachsenes Nilpferd	300 kg	3 t	30 t
Teebeutel	5 g	5 dag	10 dag

Gewichtsmaße vergleichen

1 Kennzeichne gleiche Gewichtsangaben mit derselben Farbe.

a) 500 g | 5 kg 50 dag | 5 kg | 5 dag | 505 dag | ein halbes kg | 55 dag
555 dag | 500 dag | 5 kg 55 dag | 5 500 g | 5 kg 5 dag | 50 g | 550 g

b) 3 t | 3 t 30 kg | 3 t 33 kg | 3 003 kg | 3 t 330 kg | 3 300 kg | 3 t 333 kg
3 t 3 kg | 3 t 300 kg | 3 000 kg | 3 033 kg | 3 333 kg | 3 030 kg | 3 330 kg

2 Richtig (R) oder falsch (F)?

	R	F		R	F
a) $\frac{1}{2}$ kg = 50 dag			e) $\frac{1}{4}$ t = 250 kg		
b) $\frac{1}{2}$ t = 50 kg			f) $\frac{1}{4}$ kg = 250 dag		
c) $\frac{1}{2}$ kg = 50 g			g) $\frac{1}{8}$ kg = 125 g		
d) $\frac{1}{2}$ dag = 5 g			h) $\frac{1}{4}$ kg = 25 g		

3 < oder > oder = ?

$1\frac{1}{2}$ kg	☐	1 500 g	$1\frac{1}{2}$ kg	☐	150 dag	$5\frac{1}{2}$ kg	☐	5 050 dag
400 kg	☐	$\frac{1}{4}$ t	2 050 g	☐	$2\frac{1}{2}$ kg	10 kg	☐	1 000 g
5 dag	☐	50 g	$\frac{3}{4}$ t	☐	750 kg	10 t	☐	10 000 kg
5 kg	☐	50 dag	$\frac{3}{4}$ dag	☐	10 kg	10 kg	☐	1 000 dag

4 Wie viele Tiere müssen jeweils auf die Waage, damit Gleichgewicht herrscht?

200 kg | 180kg | 500 kg | 2 kg | 3 000 kg | 3 dag | 60 kg | 5 t | 1 000 kg

Gewichtsmaße umwandeln

1 Schreibe in t und kg: 4576 kg = 4 t 576 kg

3 500 kg = ______	8 080 kg = ______	1 110 kg = ______
3 005 kg = ______	8 800 kg = ______	1 011 kg = ______
3 050 kg = ______	8 008 kg = ______	1 111 kg = ______
$3\frac{1}{2}$ t = ______	80 080 kg = ______	11 110 kg = ______
$3\frac{1}{4}$ t = ______	88 000 kg = ______	11 010 kg = ______

2 Schreibe in kg und dag: 4350 dag = 43 kg 50 dag

150 dag = ______	3 075 dag = ______	$\frac{1}{4}$ kg = ______
105 dag = ______	375 dag = ______	$1\frac{1}{2}$ kg = ______
1 500 dag = ______	3 750 dag = ______	$1\frac{1}{4}$ kg = ______
1 005 dag = ______	3 705 dag = ______	$\frac{3}{4}$ kg = ______

3 Schreibe in kg und g: 3400 g = 3 kg 400 g

1 500 g = ______	375 dag = ______	$1\frac{1}{2}$ kg = ______
1 105 g = ______	3 705 dag = ______	$1\frac{1}{4}$ kg = ______
1 005 g = ______	3 750 dag = ______	$\frac{1}{4}$ kg = ______
1 050 g = ______	3 075 dag = ______	$\frac{1}{8}$ kg = ______

4 Ordne der Größe nach:
110 dag, 1 001 g, 10 001 kg, 1 100 dag, 11 001 kg, 11 t, 1 010 g, 1 001 dag, 1 010 dag

11001 kg > ______________________________

5 Schreibe die passenden Größen in die Lücken. Eine Größe bleibt übrig.
Heute fliegen wir nach Rom. Kater Maunz muss leider zu Hause bleiben. Wir haben ihn zusammen mit 10 Dosen Katzenfutter zu je ______ zur Nachbarin gebracht. Maunz wiegt über ______ und ist ständig hungrig. Am Flughafen werfe ich noch einen Brief ein. Da der Brief weniger als ______ wiegt, genügt eine Marke um 62 c. Beim Einchecken bin ich ganz erleichtert, dass für meinen Koffer nur ______ angezeigt werden. Pro Person sind nämlich ohne Mehrkosten maximal ______ Gepäck erlaubt. Da der Flug verspätet ist, kaufe ich noch eine Semmel mit ______ Extrawurst. Wir fliegen mit einem Airbus A320. Dieses Flugzeug hat ein maximales Startgewicht von ______. Das ist immerhin ein Unterschied von zirka 40 t im Vergleich zu seinem Leergewicht von ______.

400 kg	20 kg	77 t	198 g	19 kg	20 g	5 dag	5 kg	37 000 kg

Mit Gewichtsmaßen rechnen

1

2

Wie viel kg sind ...

100 kg mehr als 1 t? ________ kg

100 kg weniger als 1 t? ________ kg

100 kg mehr als 10 t? ________ kg

100 kg weniger als 10 t? ________ kg

1000 kg mehr als 100 t? ________ kg

1 000 kg weniger als 100 t? ________ kg

Wie viel kg sind ...

1 kg mehr als 1 t? ________ kg

1 kg weniger als 1 t? ________ kg

10 kg mehr als 1 t? ________ kg

10 kg weniger als 1 t? ________ kg

1 kg mehr als 10 t? ________ kg

1 kg weniger als 10 t? ________ kg

3

Wie viel dag sind ...

1 dag mehr als 1 kg? ________ dag

1 dag weniger als 1 kg? ________ dag

10 dag mehr als 10 kg? ________ dag

10 dag weniger als 10 kg? ________ dag

2 dag mehr als 2 kg? ________ dag

2 dag weniger als 2 kg? ________ dag

Wie viel g sind ...

1 g mehr als 1 kg? ________ g

1 g weniger als 1 kg? ________ g

50 g mehr als 5 kg? ________ g

50 g weniger als 5 kg? ________ g

200 g mehr als 2 kg? ________ g

200 g weniger als 2 kg? ________ g

4 Berechne.

a) 3 t + 2 t 430 kg + 320 kg + 45 kg

b) 5 t + 3 690 kg + 180 kg + 7 t

c) 5 kg 25 dag + 3 kg + 60 dag

d) 510 g + 2 kg 345 g + 75 g + 1 050 g

e) 6 t − 1 t 400 kg − 800 kg − 2 t

f) 10 t − 3 840 kg − 2 t 50 kg − 5 kg

g) 8 kg − 450 dag − 30 dag − 1 kg 5 dag

h) 4 kg − 1 240 g − 60 g − 730 g − 5 g

Größenvorstellungen zu km, m, dm, cm, mm

1 Kennst du die Einheiten?

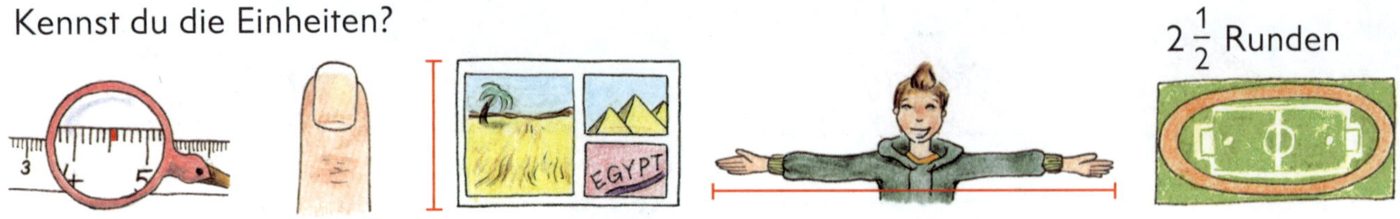

1 mm $\xrightarrow{\cdot 10}$ **1 cm** $\xrightarrow{\cdot 10}$ **1 dm** $\xrightarrow{\cdot 10}$ **1 m** $\xrightarrow{\cdot 1000}$ **1 km**

2 Schätze die Länge und färbe das Kästchen in der richtigen Farbe.

Zimmerhöhe

Schultasche

Marienkäfer

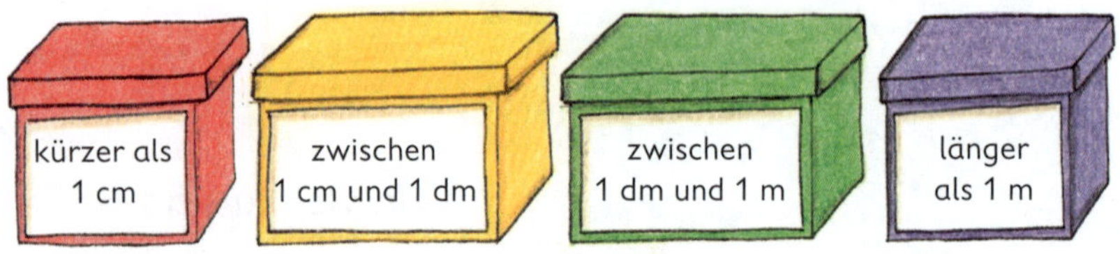

Länge eines Hefts

Länge eines PKWs

Wiesenameise

Durchmesser einer 2-Euro-Münze

Durchmesser eines Fußballs

Durchmesser eines Tennisballs

Dicke einer 1-Cent-Münze

Körpergröße eines Erwachsenen

3 Gewaltige Ausmaße! Ordne nach der Länge und runde auf die angegebene Stelle.

		Länge	gerundet
	Höchster Berg der Erde	8 844 m	H:
	Tiefste Stelle im Ozean	10 994 m	T:
	Burj Khalifa (höchstes Gebäude der Welt)	828 m	Z:
	Durchmesser der Erde am Äquator	12 756 km	T:
	Länge der Donau	2 889 km	H:
	Höhe des Stephansdoms	137 m	Z:
1.	Mittlere Entfernung des Mondes von der Erde	384 000 km	ZT:
	Länge der Chinesischen Mauer	6 350 km	H:
	Freiheitsstatue	93 m	Z:

4 Überlege, welche Längenangabe passt.

Schrittlänge	8 dm	8 cm	8 m
Durchmesser einer CD	12 mm	12 cm	12 dm
Breite eines 5-Euro-Scheins	7 mm	72 mm	72 cm
Körpergröße einer erwachsenen Frau	165 mm	165 cm	165 dm
Flughöhe eines Verkehrsflugzeugs im Reiseflug	100 m	1 km	10 km
Länge eines ausgewachsenen Blauwals	5 m	10 m	30 m
Weg von Graz nach Klagenfurt	42 100 m	142 km	421 km

Längen vergleichen

1 Kennzeichne gleiche Längenangaben mit derselben Farbe.

a)

50 mm	5 m 5 cm	5 m	5005 mm	505 cm	5 dm 5 mm	5 m 5 dm
55 mm	505 mm	55 dm	5 m 5 mm	5 cm 5 mm	ein halber dm	5000 mm

b)

7 km 7 m	7 km 70 m	70 km 77 m	77 km	7700 m	7070 m	7 km 707 m
7 km	7 km 700 m	7000 m	7007 m	7707 m	70077 m	77000 m

2 Richtig (R) oder falsch (F)?

	R	F		R	F
a) $\frac{1}{2}$ km = 500 m	☐	☐	e) $\frac{1}{4}$ m = 250 cm	☐	☐
b) $\frac{1}{2}$ m = 5 cm	☐	☐	f) $\frac{1}{4}$ km = 25 m	☐	☐
c) $\frac{1}{2}$ m = 50 dm	☐	☐	g) $\frac{3}{4}$ m = 750 mm	☐	☐
d) $\frac{1}{2}$ m = 500 mm	☐	☐	h) $1\frac{1}{2}$ m = 55 dm	☐	☐

3 < oder > oder = ?

200 m ☐ $\frac{1}{2}$ km	$\frac{3}{4}$ km ☐ 500 m	$\frac{3}{4}$ m ☐ 60 cm
$1\frac{1}{2}$ km ☐ 500 m	$\frac{1}{4}$ km ☐ 2 mm	$\frac{1}{4}$ m ☐ 40 cm
5 dm ☐ 50 mm	50 dm ☐ 500 cm	10 km ☐ 10000 m
5 m ☐ 500 cm	$2\frac{1}{2}$ m ☐ 250 cm	10 m ☐ 1000 cm

4 Schätze die Höhe des Windrades, des Fahnenmastes und die Länge des Wohnblocks.

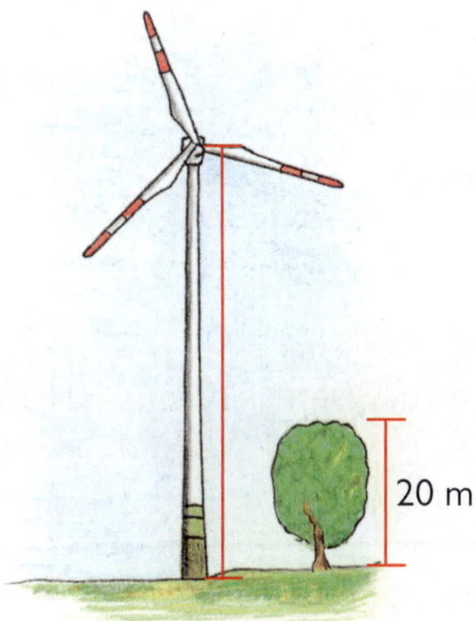

____

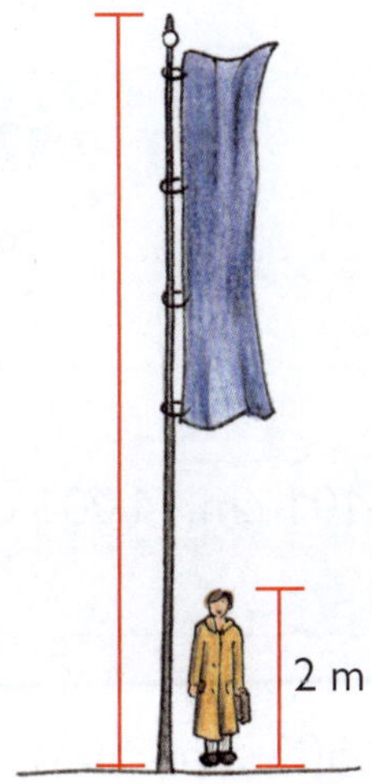

____

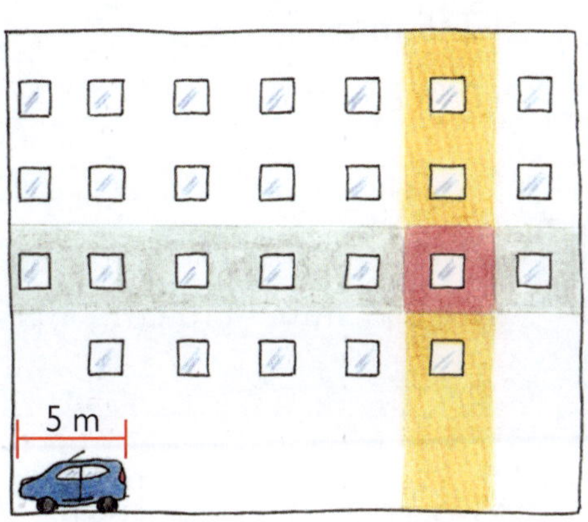

____

Längen umwandeln

1 Schreibe in km und m: 3 740 m = 3 km 740 m

2 005 m = ______ 1 100 m = ______ 4 004 m = ______

2 500 m = ______ 1 010 m = ______ 14 400 m = ______

2 050 m = ______ 1 001 m = ______ 10 040 m = ______

$2\frac{1}{4}$ km = ______ 10 010 m = ______ $4\frac{3}{4}$ km = ______

2 Schreibe in m und dm.

15 dm = ______ 204 dm = ______ 45 dm = ______

105 dm = ______ 2 044 dm = ______ 5 405 dm = ______

155 dm = ______ 24 dm = ______ $4\frac{1}{2}$ m = ______

3 Schreibe in m und cm.

105 cm = ______ 1 050 cm = ______ $4\frac{1}{2}$ m = ______

150 cm = ______ 1 505 cm = ______ $4\frac{1}{4}$ m = ______

4 Schreibe in m und mm.

2 345 mm = ______ 1 001 mm = ______ $1\frac{1}{2}$ m = ______

2 050 mm = ______ 10 100 mm = ______ $\frac{3}{4}$ m = ______

5 Schreibe in mm.

3 m 4 dm 5 cm 2 mm = ______ 5 m 4 dm 2 cm = ______

5 m 4 cm 2 mm = ______ 5 m 4 dm = ______

6 Schreibe mehrnamig.

1 275 mm = ______ 12 055 mm = ______

1 045 cm = ______ 6 750 mm = ______

7 Ordne der Größe nach:

a) 1 011 mm, 110 cm, 101 dm, 1m, 101 cm, 1 001 cm, 11 mm, 1 cm, 10 m, 101 mm

1 cm < ______

b) 5 km, 5 500 m, $\frac{1}{2}$ km, 50 500 dm, 505 dm, 50 m, 5 005 m, 550 m, 50 km, 550 dm

______

Mit Längen rechnen

1

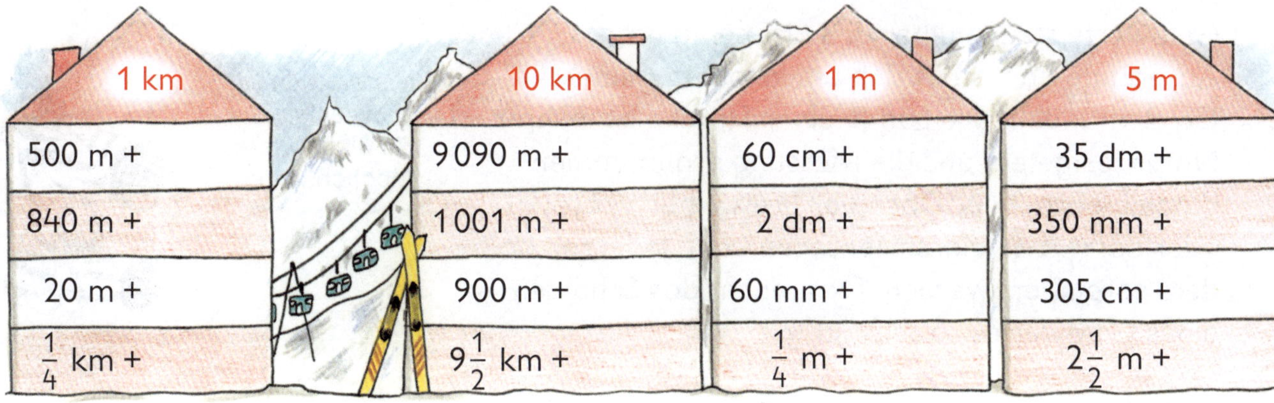

2

Wie viel m sind ...

100 m mehr als 1 km? ________ m
100 m weniger als 1 km? ________ m
1000 m mehr als 10 km? ________ m
100 m weniger als 10 km? ________ m
1 000 m mehr als 100 km? ________ m
1 000 m weniger als 100 km? ________ m

Wie viel m sind ...

1 m mehr als 1 km? ________ m
1 m weniger als 1 km? ________ m
10 m mehr als 1 km? ________ m
10 m weniger als 1 km? ________ m
1 m mehr als 10 km? ________ m
1 m weniger als 10 km? ________ m

3

Wie viel mm sind ...

1 mm mehr als 1 m? ________ mm
1 mm weniger als 1 m? ________ mm
10 mm mehr als 1 m? ________ mm
10 mm weniger als 1 m? ________ mm
100 mm mehr als 1 m? ________ mm
100 mm weniger als 1 m? ________ mm

Wie viel cm sind ...

1 cm mehr als 1 m? ________ cm
1 cm weniger als 1 m? ________ cm
100 cm mehr als 1 m? ________ cm
50 cm weniger als 5 m? ________ cm
50 cm mehr als $\frac{1}{2}$ m? ________ cm
20 cm weniger als 2 m? ________ cm

4 Berechne.

a) 1 km + 240 m + 2 km 500 m + 60 m
b) 3 455 m + 3 km + 50 m + 6 km
c) 5 m 40 cm + 6 m + 75 cm + 4 cm
d) 50 mm + 1 m 265 mm + 125 mm
e) 10 km – 400 m – 2 km 600 m – 3 km
f) 15 km – 2 km 50 m – 10 m – 4 655 m
g) 7 m – 250 cm – 3 000 mm – 1 m 5 dm
h) 5 400 mm – 4 m – 60 mm – 120 cm

Größenvorstellungen zu Euro und Cent

Geldwerte stellen unter den Größen eine Ausnahme dar, da es sich um keine physikalische Größe handelt. Die Länge einer Strecke ist in ihrer Natur festgelegt und die Messung ergibt immer dasselbe Ergebnis. Doch der Preis einer Ware oder der Arbeit eines Menschen kann jederzeit anders vereinbart werden. Das macht das Schätzen eines Geldwertes so schwierig.

1 Schätze den Preis und färbe das Kästchen in der richtigen Farbe.

1 Semmel | 1 Joghurt | 1 kg Äpfel

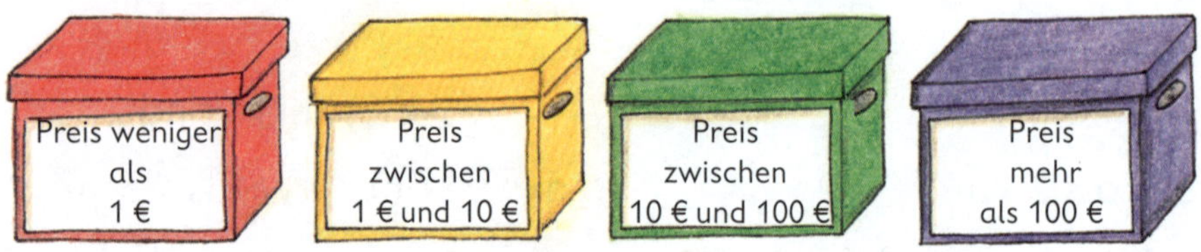

1 Bleistift | 1 l Benzin | 1 l Milch

Schultasche | 1 Stück Torte | Schlittschuhe | Computerspiel | Flug nach New York | 1 Laptop

2 Überlege, welcher Preis passen könnte.

Flachbildschirm	250 €	25 €	2,50 €
Wurstsemmel	25 c	250 c	2 500 c
Seevilla am Wörthersee	30 000 €	300 000 €	3 000 000 €
Scooter	10 €	50 €	500 €
Glas Orangensaft im Gasthaus	24 €	2,40 €	24 c
Radiergummi	75 c	7,50 €	75 €
Lustiges Taschenbuch	65 c	6,50 €	65 €
Stromkosten einer Familie pro Monat	70 €	7 €	700 €
1 Übernachtung im 3-Sterne-Hotel	5,40 €	54 €	540 €
1 neuer Kleinwagen	1 200 €	120 000 €	12 000 €

Geldbeträge umwandeln und vergleichen

1 Schreibe die Geldbeträge in Cent.

1 € 45 c = 145 c	3 € 10 c = ______	1 € = ______
5 € 99 c = ______	30 € 10 c = ______	10 € = ______
25 € 15 c = ______	3 € 1 c = ______	100 € = ______

2 Schreibe die Geldbeträge mit Komma.

10 €	1 €	10 c	1 c	
5	2	3	9	= 52,39 €
0	4	5	0	
1	0	0	5	
9	9	0	0	

100 €	10 €	1 €	10 c	1 c	
2	5	4	7	5	
1	4	0	5	0	
5	0	5	0	5	
6	0	0	9	0	

3 Schreibe die Geldbeträge in €.

275 c = 2,75 €	4 539 c = ______	13 570 c = ______
205 c = ______	8 460 c = ______	13 070 c = ______
2 050 c = ______	9 000 c = ______	10 507 c = ______

4 Schreibe in € und Cent.

5,14 € = 5 € 14 c	0,05 € = ______	125,50 € = ______
8,05 € = ______	0,50 € = ______	100,01 € = ______
15,60 € = ______	5,05 € = ______	101,10 € = ______

5 < oder > oder = ?

4,35 € [<] 4,53 €	10 002 c [=] 100,02 €	0,90 € [ ] 9 c
3,45 € [<] 4,54 €	8 € 8 c [<] 8,80 €	90,09 € [ ] 90 € 90 c
5,43 € [=] 5 € 43 c	72 c [<] 7,20 €	900,90 € [ ] 90 090 c

6 Kennzeichne gleiche Geldbeträge mit derselben Farbe.

202 c | 2 € 20 c | 2 € | 20 c | 2,20 € | 2 020 c | 2 c | 220,02 €

20,20 € | 200 c | 220 € 2 c | 0,02 € | 2 € 2 c | 200 € 20 c | 0,20 € | 200,20 €

7 Ordne der Größe nach:

440 c, 40 € 40 c, 40 004 c, 40,04 €, 400 € 40 c, 44,04 €, 4,04 €, 44 €, 400 c, 4 440 c

400 c < ______

Mit Geld rechnen

1

2 Berechne den Preis.

a)

Anzahl	2	1	4	5	3	6	10
Preis	1,50 €	75c	3,0€	3,75€			

b)

Gewicht	10 dag	5 dag	20 dag	30 dag	60 dag	1 kg	$\frac{1}{2}$ kg
Preis	1,20 €						

3

Wie viel € sind ...

1 c mehr als 1 €? ________ €

1 c weniger als 1 €? ________ €

10 c mehr als 1 €? ________ €

10 c weniger als 1 €? ________ €

1 c mehr als 10 €? ________ €

1 c weniger als 10 €? ________ €

Wie viel € sind ...

505 c mehr als 10 €? ________ €

505 c weniger als 10 €? ________ €

550 c mehr als 100 €? ________ €

550 c weniger als 100 €? ________ €

5 555 c mehr als 100 €? ________ €

5 555 c weniger als 100 €? ________ €

4 Kannst du wechseln? Gib die jeweils benötigte Anzahl an.

	in 2-Cent-Münzen	15
	in 5-Cent-Münzen	16
	in 5-Cent-Münzen	30
	in 20-Cent-Münzen	25

Europäische Zentralbank

Mit Geld rechnen

1 Berechne die Summe.

13,80	68,73	17,55	146,20	7,56
7,55	114,08	1,90	8,69	0,89
		4,36	35,15	12,60
				1,25
Summe	Summe	Summe	Summe	Summe

2 Rechne zuerst den Überschlag.

Anzahl	Artikel	Einzelpreis	Gesamtpreis	Ü
3	Bleistifte	0,32		1,00
2	Spitzer	2,45		5,00
5	Hefte	0,58		3,00
	TOTAL		€	

Anzahl	Artikel	Einzelpreis	Gesamtpreis	Ü
3	Marmelade	3,50	10,50	
2	Kaffee	4,99	9,98	
4	Orangensaft	1,19	4,76	
	TOTAL	25,24	€	

Anzahl	Artikel	Einzelpreis	Gesamtpreis	Ü
5	Joghurt	0,62		
3	Semmeln	0,35		
2	Korngebäck	0,90		
	TOTAL		€	

Anzahl	Artikel	Einzelpreis	Gesamtpreis	Ü
3	Spaghetti	1,35		
2	Ketchup	2,49		
6	Eier	0,51		
	TOTAL		€	

3 Hier haben sich Fehler eingeschlichen. Rechne nach und korrigiere.

Anzahl	Artikel	Einzelpreis	Gesamtpreis
2	Radierer	0,59	1,18
3	Patronen	1,50	3,50
	TOTAL		4,68 €

Anzahl	Artikel	Einzelpreis	Gesamtpreis
7	Heftumschläge	0,28	1,96
2	Geodreieck	4,99	3,18
	TOTAL		5,04 €

Anzahl	Artikel	Einzelpreis	Gesamtpreis
5	Eistee	1,10	5,50
2	Kekse	2,29	4,58
2	Küchenrolle	2,79	5,48
	TOTAL		15,56 €

Anzahl	Artikel	Einzelpreis	Gesamtpreis
2	Fischstäbchen	3,89	7,88
5	Katzenfutter	0,55	2,75
6	Krapfen	0,90	4,50
	TOTAL		15,30 €

Größenvorstellungen zur Zeit

1 Kennst du die Einheiten?

· 365 oder 366 (Tag → Jahr)

s → min → h → Tag → Woche   Monat → Jahr

· 60   · 60   · 24   · 7   · 12

2 Schätze die Zeitdauer und färbe das Kästchen in der richtigen Farbe.

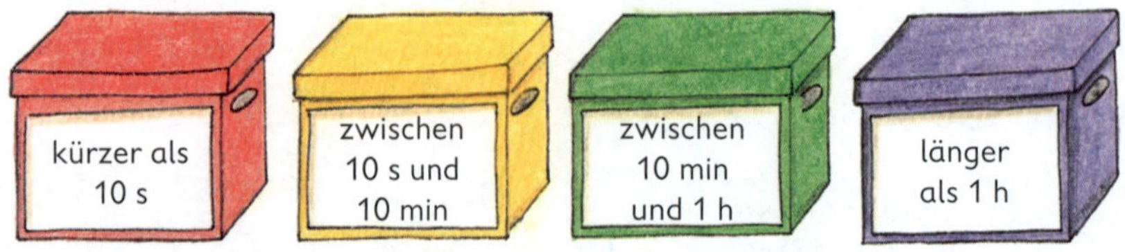

10 km mit Rad				Spielfilm im Kino
Atemzug				TV-Werbespot
Herzschlag				Wimpernschlag
Wanderung von 10 km	Weltrekord im 100-Meter-Lauf (Herren)	Flügelschlag einer Biene	Zeit einer Schulstunde	Zeit, in der man bis 100 zählt

3 Überlege, welche Zeitangabe passt.

Kochzeit für Nudeln	80 sec	8 min	80 min
Mit dem Auto von Salzburg nach Wien	50 min	3 h	5 h
Kochzeit für ein weiches Ei	40 s	4 min	40 min
Hofpause	50 s	50 min	15 min
Wanderung von 5 km	1 h	2 h	3 h
Dauer der Sommerferien	3 Monate	4 Wochen	9 Wochen
Höchste bekannte menschliche Lebensdauer	122 Jahre	148 Jahre	182 Jahre
Aussterben der Dinosaurier	vor 6 500 Jahren	vor 650 000 Jahren	vor 65 Mill. Jahren

4 Zeichne die Zeiger ein.

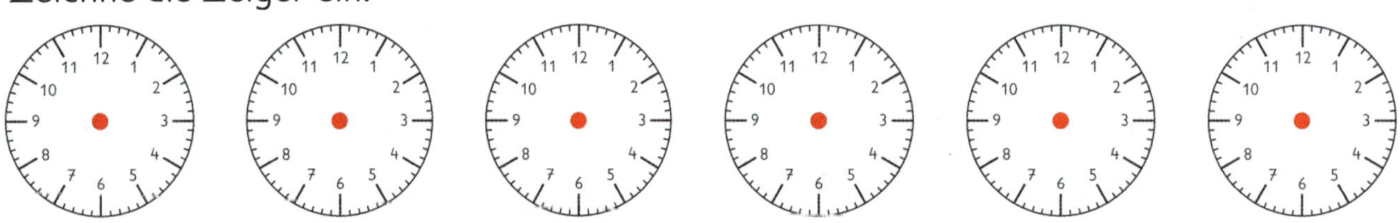

6.05   8.20   10.43   13.28   14.17   21.52

5 Schreibe die Uhrzeit.

zehn nach sechs	6.10 Uhr	zwanzig vor zwölf	
halb fünf		viertel nach drei	
sechs Minuten vor elf		viertel vor acht	
dreiviertel sieben		halb zwei	

Zeit umwandeln – mit Zeit rechnen

1 Wandle in Minuten um.

1 h 24 min = 84 min   2 h 50 min = ______   6 h 45 min = ______

1 h 36 min = ______   3 h 50 min = ______   8 h 28 min = ______

1 h 53 min = ______   4 h 50 min = ______   10 h 06 min = ______

2 Wandle in Stunden und Minuten um.

72 min = 1 h 12 min   125 min = ______   870 min = ______

109 min = ______   205 min = ______   1 300 min = ______

119 min = ______   405 min = ______   1 500 min = ______

3 < oder > oder = ?

118 s ☐ 2 min   3 600 s ☐ 1 h   100 Wochen ☐ 2 Jahre

7 Wochen ☐ 2 Monate   336 h ☐ 2 Wochen   30 Monate ☐ 3 Jahre

84 Tage ☐ 12 Wochen   17 h ☐ 1 000 min   250 h ☐ 10 Tage

$\frac{1}{2}$ h ☐ 30 min $\frac{3}{4}$ min ☐ 45 s $\frac{1}{4}$ h ☐ 1000 s

4 Gib die Zeitpunkte an und berechne die Zeitspanne, die vergangen ist.

→ __ h __ min →

→ __ h __ min →

______   ______   ______   ______

5 Gib die Zeitpunkte an und zeichne die Uhrzeiger ein.

→ 24 min später →
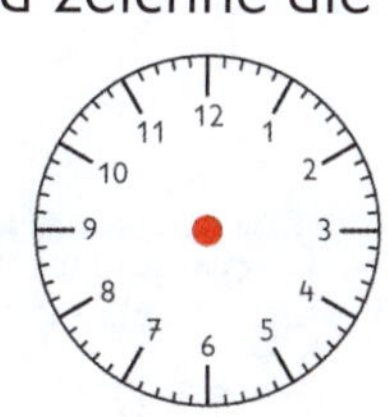

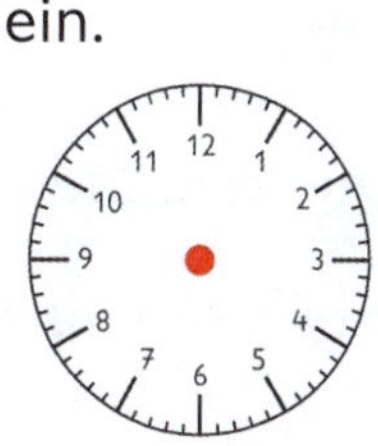
→ 2 h 59 min früher →

______   ______   ______   ______

6 Berechne die fehlenden Werte.

	a)	b)	c)	d)	e)	f)
Abfahrt	12.07	14.32	?	?	18.15	7.25
Fahrzeit	45 min	2h 43 min	2 h 16 min	2 h 48 min	?	?
Ankunft	?	?	21.37	10.26	20.47	9.02

Größenvorstellungen zu Flächenmaßen

1 Kennst du die Einheiten?

1 mm² → · 100 → **1 cm²** → · 100 → **1 dm²** → · 100 → **1 m²**

2 Schätze den Flächeninhalt und färbe das Kästchen in der richtigen Farbe.

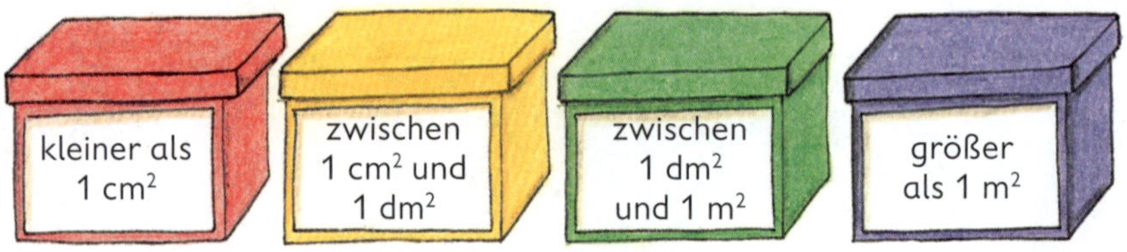

- Spielkarte
- Kreditkarte
- Pixel
- Blatt Papier A4
- 2-Euro-Münze
- Tischtennistisch
- Pupille eines Menschen
- Oberfläche eines Fußballs
- 50-Euro-Banknote
- Hautoberfläche eines Erwachsenen
- Mittelloch einer CD
- Kästchen auf kariertem Papier

3 Kennst du auch die großen Einheiten?

m² → · 100 → **a (Ar)** → · 100 → **ha (Hektar)** → · 100 → **km²**

4 Gewaltige Ausmaße! Ordne nach der Größe.

		Flächeninhalt
	Neusiedlersee (mit Schilfgürtel)	285 km²
	Schönbrunner Tiergarten	17 ha
	Grundfläche der Cheopspyramide	529 a
1.	Wien	415 km²
	Wörthersee	19 km²
	Industriehalle des Boeing-Werks Everett	40 ha
	Petersdom	15 160 m²

5 Überlege, welche Flächenangaben passen.

Bildfläche eines 17-Zoll-Computermonitors	91 cm²	910 cm²	91 dm²
Autostellplatz	15 m²	1 500 m²	15 000 m²
Wohnung einer Familie	10 m²	15 m²	100 m²
Österreich	84 000 a	84 000 ha	84 000 km²
Oberfläche eines Fußballs	15 dm²	15 cm²	1 m²
Größe eines Tennisfeldes	26 m²	260 m²	26 a
1-Cent-Münze	20 cm²	2 cm²	20 mm²
Schwimmbecken (50 m x 25 m)	1 250 m²	125 m²	25 a

Flächenmaße umwandeln und vergleichen

1 Wandle in cm^2 um.

500 mm^2 = 5 cm^2	1 dm^2 30 cm^2 = ____	20 dm^2 40 cm^2 = ____
5 000 mm^2 = ____	1 dm^2 3 cm^2 = ____	24 dm^2 4 cm^2 = ____
1 500 mm^2 = ____	13 dm^2 50 cm^2 = ____	$\frac{1}{2}$ dm^2 = ____

2 Wandle immer in die nächstgrößere Maßeinheit um.

400 cm^2 = ____	200 mm^2 = ____	900 dm^2 = ____
6 100 mm^2 = ____	4 300 dm^2 = ____	3 000 cm^2 = ____
7 000 dm^2 = ____	8 400 cm^2 = ____	2 800 mm^2 = ____

3 Wandle immer in die kleinste vorkommende Maßeinheit um.

45 dm^2 50 cm^2 = ____	10 cm^2 99 mm^2 = ____	40 m^2 67 dm^2 = ____
3 m^2 57 dm^2 = ____	45 m^2 6 dm^2 = ____	85 cm^2 5 mm^2 = ____
90 dm^2 3 cm^2 = ____	1 cm^2 9 mm^2 = ____	1 dm^2 1 cm^2 = ____

4 Kennzeichne gleiche Flächenangaben mit derselben Farbe.

a)

60 cm^2	66 cm^2 6 mm^2	6 dm^2	6 006 dm^2	600 cm^2	6 cm^2 6 mm^2	6 600 cm^2
66 m^2	606 mm^2	66 dm^2	6 600 dm^2	6 606 mm^2	60 m^2 6 dm^2	6 000 mm^2

b)

900 ha	9 a 90 m^2	90 a 90 m^2	9 km^2	9 090 m^2	909 m^2	9 009 m^2
9 ha	90 a 9 m^2	9 a 9 m^2	900 a	9 009 a	990 m^2	90 ha 9 a

5 < oder > oder = ?

200 m^2 ☐ 20 a	$\frac{1}{2}$ cm^2 ☐ 500 mm^2	$\frac{1}{2}$ dm^2 ☐ 5 cm^2
4 cm^2 ☐ 40 mm^2	20 ha ☐ 200 a	$\frac{1}{4}$ m^2 ☐ 25 dm^2
$\frac{1}{2}$ m^2 ☐ 50 dm^2	10 km^2 ☐ 1 000 ha	10 cm^2 ☐ 10 000 mm^2
105 dm^2 ☐ 10 500 cm^2	$1\frac{1}{2}$ m^2 ☐ 1 050 dm^2	100 dm^2 ☐ 10 000 cm^2

6 Richtig oder falsch?

	R	F
a) Ein Quadrat mit 10 m Seitenlänge hat 1 a Flächeninhalt.	☐	☐
b) Ein Quadrat mit 5 m Seitenlänge hat $\frac{1}{2}$ a Flächeninhalt.	☐	☐
c) Ein Quadrat mit 20 m Seitenlänge hat 2 a Flächeninhalt.	☐	☐

Zusammenhänge zwischen den Maßeinheiten

1 Welche Maßeinheit passt nicht in die Reihe? Streiche sie durch.
Welche Größe messen die anderen drei Einheiten? Schreib sie auf.

a)	kg	km	dag	g
b)	min	c	h	Tag
c)	a	h	m^2	cm^2
d)	m	dm	min	mm
e)	mm^2	l	ha	dm^2
f)	km	cm	m	t

2 Immer zwei gehören zusammen!
Es gehören immer ein Überschlagswert und eine genaue Größe zusammen.
Verbinde die zusammengehörenden Werte.

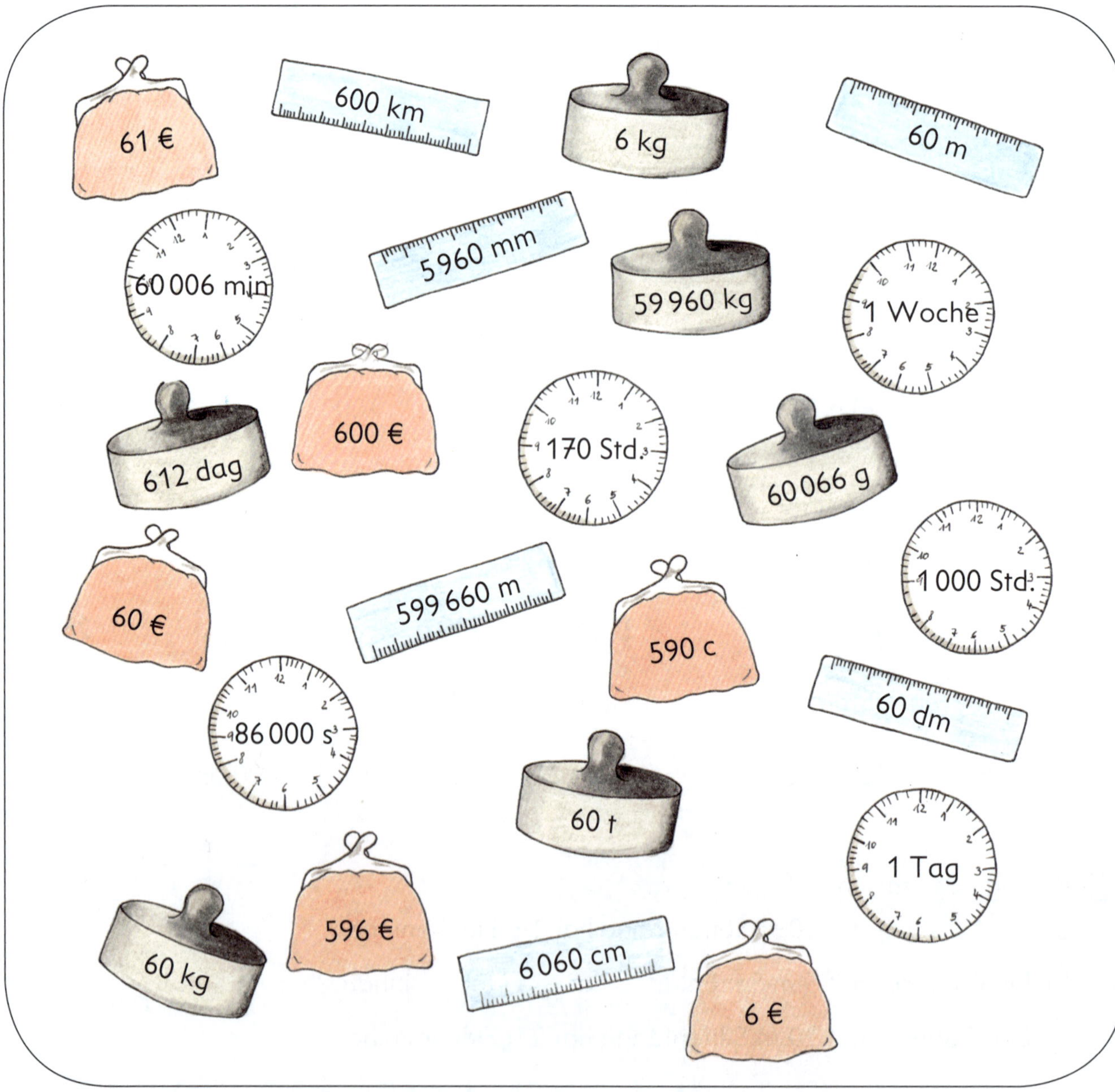

Zusammenhänge zwischen den Maßeinheiten

1

	Länge		Gewicht		Flächeninhalt	
$\frac{1}{2}$	$\frac{1}{2}$ km =	m	$\frac{1}{2}$ t =	kg	$\frac{1}{2}$ ha =	a
	$\frac{1}{2}$ m =	dm	$\frac{1}{2}$ kg =	dag	$\frac{1}{2}$ ha =	m^2
	$\frac{1}{2}$ m =	cm	$\frac{1}{2}$ kg =	g	$\frac{1}{2}$ m^2 =	dm^2
	$\frac{1}{2}$ m =	mm	$\frac{1}{2}$ dag =	g	$\frac{1}{2}$ m^2 =	cm^2
	$\frac{1}{2}$ dm =	cm			$\frac{1}{2}$ dm^2 =	cm^2
	$\frac{1}{2}$ cm =	mm			$\frac{1}{2}$ cm^2 =	mm^2

2

	Zeit		Geld	
$\frac{1}{2}$	$\frac{1}{2}$ Jahr =	Tage	$\frac{1}{2}$ Euro =	Cent
	$\frac{1}{2}$ Tag =	Stunden		
	$\frac{1}{2}$ Stunde =	Minuten		
	$\frac{1}{2}$ Minute =	Sekunden		

3

	Länge		Gewicht		Zeit	
$\frac{1}{4}$	$\frac{1}{4}$ km =	m	$\frac{1}{4}$ t =	kg	$\frac{1}{4}$ Tag =	Stunden
	$\frac{1}{4}$ m =	cm	$\frac{1}{4}$ kg =	dag	$\frac{1}{4}$ Stunde =	Minuten
	$\frac{1}{4}$ m =	mm	$\frac{1}{4}$ kg =	g	$\frac{1}{4}$ Minute =	Sekunden

4

	Länge		Gewicht		Zeit	
$\frac{3}{4}$	$\frac{3}{4}$ km =	m	$\frac{3}{4}$ t =	kg	$\frac{3}{4}$ Tag =	Stunden
	$\frac{3}{4}$ m =	cm	$\frac{3}{4}$ kg =	dag	$\frac{3}{4}$ Stunde =	Minuten
	$\frac{3}{4}$ m =	mm	$\frac{3}{4}$ kg =	g	$\frac{3}{4}$ Minute =	Sekunden

5

	Länge		Gewicht	
$\frac{1}{8}$	$\frac{1}{8}$ km =	m	$\frac{1}{8}$ t =	kg
	$\frac{1}{8}$ m =	mm	$\frac{1}{8}$ kg =	g

Addition und Subtraktion verstehen

1 Welche Geschichten oder Bilder passen zu dieser Rechnung? Erkläre, warum einige Aufgaben nicht passen.

6 + 5

	richtig	falsch
Addiere die Zahlen 6 und 5.	☐	☐
Daniel sagt zu Christopher: „Dein Vorname hat um 5 Buchstaben mehr als meiner.“	☐	☐
Der Eintritt ins Kino kostet 6 €. Wie viel kostet der Eintritt für 5 Personen?	☐	☐
Kerstin und Lore haben zusammen 11 Bücher. Lore hat um fünf Bücher mehr als Kerstin.	☐	☐
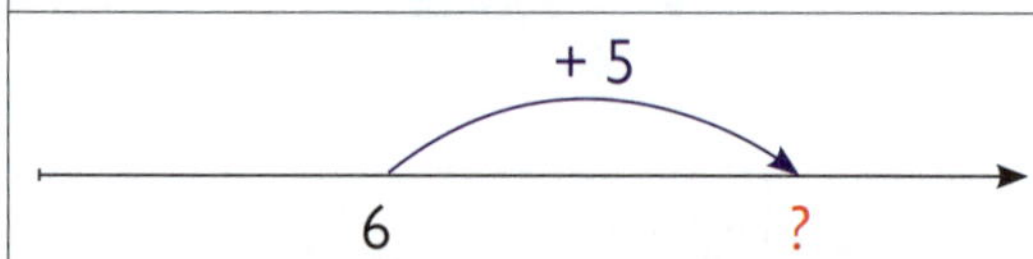	☐	☐
Oliver hat 6 T-Shirts und Erwin hat 5 T-Shirts. Wie viele T-Shirts hat Oliver mehr als Erwin?	☐	☐
Hund Fipsi ist um 5 kg schwerer als Hase Flecki. Fipsi hat 6 kg.	☐	☐
Leonie hat von ihren 6 € bereits 5 € ausgegeben. Sie überlegt, wie viel Geld sie noch hat.	☐	☐
Zwei Zahlen ergeben zusammen 11. Die beiden Zahlen sind Nachbarzahlen.	☐	☐
Oma hat Geburtstag. Sabine und Peter legen für ein Geschenk ihr Geld zusammen. Sabine gibt 6 €, Peter 5 €.	☐	☐
Das Baby hat 6 kg. Vor einem Monat hatte es 5 kg.	☐	☐

2 Berechne.

In einer Ambulanz wurden am Freitag 78 Patienten behandelt. Am Samstag waren es 29 Personen mehr. Wie viele Patienten wurden an beiden Tagen insgesamt behandelt?

Zwei Freunde unternehmen eine 3-tägige Radtour. Die gesamte Strecke ist 128 km lang. Am 1.Tag legen sie 38 km zurück und am 2.Tag 46 km. Wie viele km bleiben für den 3. Tag?

Mutter kauft 1 l Milch, 2 l Apfelsaft, 1 kg Orangen, $\frac{1}{2}$ kg Brot, 25 dag Käse und 20 dag Wurst. Wie schwer ist der Einkauf? Überschlage zuerst das Ergebnis.

Frau Huber kauft einen Gebrauchtwagen um 9 800 €. Ein Neuwagen hätte um 6 250 € mehr gekostet. Wie viel hätte ein Neuwagen gekostet?

Jonas geht mit 10 € einkaufen. In seinem Einkaufswagen hat er eine Zeitschrift für 4,50 €, ein Joghurt um 0,69 € und zwei Donuts um 2,98 €. Wird sein Geld reichen?

In Österreich gibt es insgesamt 2 357 Gemeinden. Davon liegen 573 in NÖ und 542 in der Steiermark. Pius meint: „Fast die Hälfte aller Gemeinden liegen in diesen beiden Bundesländern.“ Hat Pius recht?

Addition und Subtraktion verstehen

1 Welche Geschichten oder Bilder passen zu dieser Rechnung? Erkläre, warum einige Aufgaben nicht passen.

12 – 4

	richtig	falsch
Daniela hat 12 Sammelkarten. Manuel hat 4 Karten. Wie viele Karten hat Daniela mehr als Manuel?	☐	☐
Konrad hat beim Test 12 Punkte erreicht. Das sind 4 Punkte weniger, als Johannes erreicht hat. Wie viele Punkte hat Johannes?	☐	☐
Der Eintritt ins Kino kostet für 2 Personen 12 €. Alexander hat nur 4 €. Wie viel muss Wolfram beisteuern?	☐	☐
Am Morgen hatte es 4 Grad. Zu Mittag zeigte das Thermometer 12 Grad. Wie groß ist der Temperaturunterschied?	☐	☐
	☐	☐
Im Schwimmbad sind 12 Kinder. Das sind um 4 Kinder mehr als 10 Minuten zuvor. ?	☐	☐
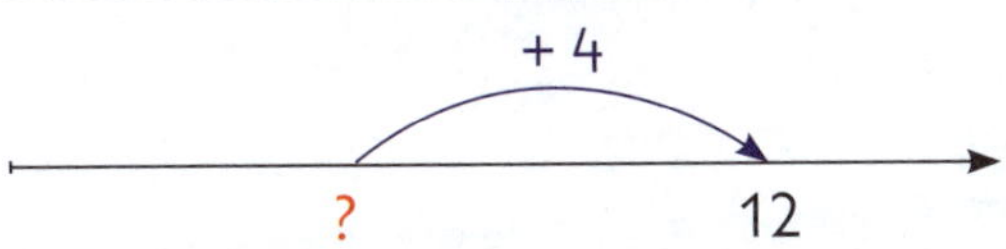	☐	☐
Sarah hat 8 Perlen. Leni hat nur halb so viele Perlen. ?	☐	☐
Stefan hat um 12 Tierbilder mehr als Lukas. Lukas hat 4 Bilder. ?	☐	☐
Subtrahiere 12 von 4.	☐	☐
	☐	☐

2 Berechne.

Der Kilometerstand im Auto zeigt 73 316 km. Bei 75 000 km ist ein Service fällig. Geht sich vorher noch die Hin- und Rückfahrt in eine 520 km entfernte Stadt aus?

Das Kreuzfahrtschiff „Allure of the Seas“ bietet Platz für zirka 6 300 Passagiere und 2 100 Besatzungsmitglieder. Tom behauptet: „Das ist mehr, als Kitzbühel Einwohner hat.“ Kitzbühel hat 8.207 Einwohner.

Willi hat für ein Fahrrad 175 € gespart. Von Opa bekommt er zum Geburtstag 50 €. Wie viel Geld muss er noch sparen, wenn das Fahrrad 325 € kostet?

Multiplikation verstehen

1 Welche Geschichten oder Bilder passen zu einer dieser beiden Rechnungen?
Erkläre, warum einige Aufgaben nicht passen.

$8 \cdot 2$ oder $2 \cdot 8$

	richtig	falsch
Marlene hat 8 Perlen. Das ist nur halb so viel, wie Sofie Perlen hat. Wie viele Perlen hat Sofie?	☐	☐
8 Äpfel werden in Zweierpackungen abgepackt. Wie viele Packungen erhält man?	☐	☐
Wie viele Hühner haben zusammen 8 Beine?	☐	☐
Opa sagt zu Kordula: „Wenn du fleißig sparst, verdopple ich den Betrag.“ Kordula hat 8 € gespart.	☐	☐
	☐	☐
Der Eintritt ins Schwimmbad kostet 2 €. Wie viel kostet der Eintritt für 8 Personen?	☐	☐
Eintritt 2 Euro — Ulla lädt zu ihrem Geburtstag ihre 7 Freundinnen ins Schwimmbad ein. Wie viel muss Ulla bezahlen?	☐	☐
Für eine Klassenfeier werden 8 Tische aufgestellt. Fabian stellt auf jeden Tisch 2 Kerzen. ?	☐	☐
Das Thermometer zeigt am Morgen 8 Grad. Zu Mittag ist die Temperatur doppelt so hoch. ?	☐	☐
Bilde das Produkt der Zahlen 8 und 2.	☐	☐
	☐	☐

2 Berechne.

Beim Telefonvoting kostet ein Anruf 50 Cent. Wie viel nimmt die Firma ein, wenn 5 000 Personen anrufen?

Der durchschnittliche Wasserverbrauch pro Kopf und Tag liegt bei 130 l. Wie viel Wasser verbraucht eine 4-köpfige Familie in einer Woche ungefähr?

Chiara möchte auf dem Heimweg noch 8 Hefte kaufen. Ein Heft kostet 89 Cent. Sie hat 8 €. Reicht ihr Geld? Überschlage zuerst das Ergebnis.

Die Österreicherinnen und Österreicher verzehren durchschnittlich 5 kg Erdäpfel pro Monat. Wie hoch ist der durchschnittliche Erdäpfelverbrauch in einem Jahr?

5 Ballons sind in einem Säckchen. 12 Säckchen sind in einer Schachtel. Wie viele Ballons sind in einer Schachtel?

Lina geht dreimal in der Woche schwimmen. Sie schwimmt jedes Mal 20 Längen. Das Schwimmbad ist 35 m lang und 15 m breit. Wie viele km schwimmt sie in einer Woche?

1 Welche Geschichten passen zu dieser Rechnung? Erkläre, warum einige Aufgaben nicht passen.

32 : 4

	richtig	falsch
Michaels Bücherregal hat 4 Fächer. Er möchte seine 32 Bücher gleichmäßig auf die 4 Fächer verteilen.	☐	☐
Valentin hat 32 kg. Valentin meint: „Ich habe bereits mein achtfaches Geburtsgewicht.“ ?	☐	☐
Wie viele Hunde haben zusammen 32 Beine?	☐	☐
Die Klassen 4a, 4b, 4c und 4d kaufen gemeinsam ein Bild um 32 €. Wie viel muss jede Klasse bezahlen?	☐	☐
Bilde die Differenz von 32 und 4.	☐	☐
Am Nachmittag sind 32 Kinder am Spielplatz. Das sind viermal so viele wie am Vormittag. ?	☐	☐
Von 32 Kindern kommt ein Viertel mit dem Schulbus zur Schule. ?	☐	☐
Julius hat 32 Tulpen und 4 Vasen. Er möchte in jede Vase gleich viele Tulpen geben.	☐	☐
Sebastian wirft den Ball 32 m weit. Bruno schafft 4 m weniger. ?	☐	☐
Eine Ware kostet im Ausverkauf 32 €. Das ist nur mehr ein Viertel des ursprünglichen Preises. ?	☐	☐
Vor der Geisterbahn warten 32 Kinder. Immer 4 Kinder können mitfahren. ?	☐	☐
Viktoria hat beim Test 32 Punkte erreicht. Das ist das Vierfache von Hanna. ?	☐	☐
Verteile 32 Zuckerl gerecht an 4 Kinder.	☐	☐
Dividiere 32 durch 4.	☐	☐

2 Welche Situation passt zur Division mit Rest? Kreuze an.

70 : 15 = 4 Rest 10

☐ 70 Blumen werden in Sträußen zu je 4 Blumen gebunden.
Wie viele Sträuße erhält man?

☐ 70 Blumen werden in Sträußen zu je 15 Blumen gebunden.
Wie viele Sträuße erhält man?

☐ 70 Blumen werden in Sträußen zu je 10 Blumen gebunden.
Wie viele Sträuße erhält man?

Bist du fit?

Kreuze zu der jeweiligen Situation
eine passende Rechenaufgabe an.
Löse anschließend die Aufgabe und schreibe einen Antwortsatz.

- ☐ $6 \cdot 2$
- ☐ $6 + 2$
- ☐ $6 - 2$
- ☐ $6 : 2$

1 Ein 20 m langes Seil wird in 5 m lange Teile geschnitten.
Wie viele Teile erhält man?

- ☐ $20 \cdot 5$
- ☐ $20 - 5$
- ☐ $20 : 5$
- ☐ $20 + 5$

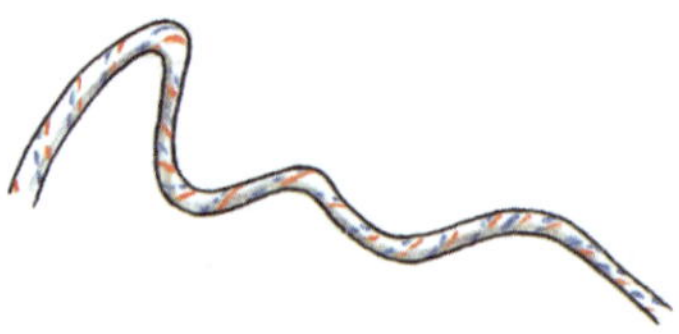

2 In einem Gemüsebeet sind 8 Reihen mit Salatpflanzen. In jeder Reihe sind 4 Pflanzen.
Wie viele Salatpflanzen sind im Gemüsebeet?

- ☐ $8 \cdot 4$
- ☐ $8 : 4$
- ☐ $8 + 4$
- ☐ $8 - 4$

3 In einer Klasse sind 21 Kinder. Die Lehrerin sammelt von jedem Kind 3 Euro ein.
Wie viel Geld ist das?

- ☐ $21 : 3$
- ☐ $21 + 3$
- ☐ $21 - 3$
- ☐ $21 \cdot 3$

4 Iris hat 6 Stofftiere. Mit ihrer Schwester zusammen hat sie 18 Stofftiere.
Wie viele Stofftiere hat ihre Schwester?

- ☐ $18 + 6$
- ☐ $18 - 6$
- ☐ $18 \cdot 6$
- ☐ $18 : 6$

Bist du fit?

1 Montag bis Samstag läuft Kilian täglich 2 km. Am Sonntag läuft er 3 km.
Wie viele Kilometer ist Kilian in einer Woche gelaufen?

- ☐ $6 \cdot 3 + 2$
- ☐ $6 \cdot 2 + 3$
- ☐ $6 : 2 + 3$
- ☐ $7 \cdot 2 - 3$

2 Ida lädt an ihrem Geburtstag ihre fünf Freundinnen ins Kino ein. Eine Karte kostet 7 Euro. Sie bezahlt mit einem 50-Euro-Schein. Wie viel Geld bekommt Ida zurück?

- ☐ $50 : 5 + 7$
- ☐ $50 - 5 \cdot 7$
- ☐ $50 : 5 - 7$
- ☐ $50 - 6 \cdot 7$

3 Luisa hat nur ein Drittel so viele Sammelbilder wie Emilia. Wie viele Sammelbilder haben Luisa und Emilia zusammen, wenn Luisa 24 Bilder hat?

- ☐ $24 \cdot 3 - 24$
- ☐ $24 : 3 + 24$
- ☐ $24 + 24 \cdot 3$
- ☐ $24 - 24 : 3$

4 Thomas und Rosi gehen in den Tiergarten. Der Eintritt kostet 12 Euro für 2 Personen. Rosi bezahlt ein Drittel. Wie viel muss Thomas übernehmen?

- ☐ $12 - 12 : 3$
- ☐ $12 \cdot 3 - 12$
- ☐ $12 - 12 : 2$
- ☐ $12 : 3 + 12$

5 Johannas Buch hat 210 Seiten. Sie liest Montag bis Freitag täglich 30 Seiten. Am Samstag möchte sie das Buch auslesen. Wie viele Seiten muss Johanna am Samstag lesen?

- ☐ $210 : 5$
- ☐ $210 : 5 + 30$
- ☐ $210 - 5 \cdot 30$
- ☐ $210 : 6 + 30$

Arbeiten mit Tabellen

1 Auf einem Getränkeautomaten ist eine Hinweistafel.
Welche Münzen können eingeworfen werden, um genau 70 c zu bezahlen?
Stelle alle Möglichkeiten in der Tabelle dar.

Anzahl der 10-c-Münzen	Anzahl der 20-c-Münzen	Anzahl der 50-c-Münzen
7	0	0

2 In jedem Sparschwein sind 2,40 Euro. Jedes Sparschwein enthält Münzen derselben Art.

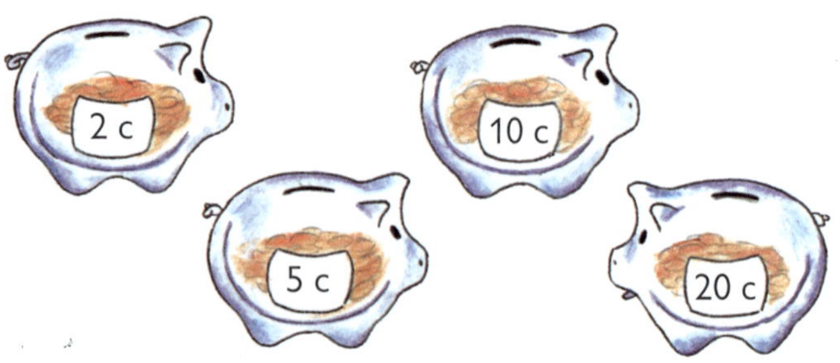

	Anzahl der Münzen
2-c-Münzen	
5-c-Münzen	
10-c-Münzen	
20-c-Münzen	

3 Thomas und Sabrina möchten ihrer Mutter zum Geburtstag einen Blumenstrauß kaufen. Thomas hat 4 € und Sabrina steuert 7 € bei. Welche Blumen können sie auswählen, um exakt die gesamte Summe auszugeben?
Gib 4 weitere Möglichkeiten an.

Narzissen: 0,80 €

Tulpen: 1,20 €

Hyazinthen: 1,50

Anzahl der Narzissen	Anzahl der Tulpen	Anzahl der Hyazinthen
1	1	6

1 Vervollständige die Preistabelle. Rechne geschickt!

a) · 2 · 2 · 2

Gewicht	1 000 g	500 g	400 g	250 g	200 g	100g	50 g
Preis	8 €			2 €			

: 2 : 2 : 5

b)

Gewicht	100 g	50 g	300 g	600 g	500 g	1 000 g	250 g
Preis	2,10 €						

c)

Gewicht	200 g	400 g	50 g	250 g	100 g	500 g	1 000 g
Preis	2,80 €						

2 Mineralwasser wird in 3 Größen angeboten.
Wie kann Susi genau 3 Liter Mineralwasser erwerben?
Stelle alle Möglichkeiten in der Tabelle dar. Gib die jeweiligen Kosten an.

45 c 65 c 79 c

Anzahl der 1-l-Flaschen	Anzahl der $1\frac{1}{2}$-l-Flaschen	Anzahl der 2-l-Flaschen	Preis
3	0	0	

3 Gegeben ist die Jahresmiete für eine Wohnung.
Ermittle mithilfe der Tabelle die monatlichen Kosten.

a)

Monate				12
Miete in €				6 060

b)

1	3	6	12
			5 700

4 Carsharing (= Auto teilen)

Für ein Carsharing-Modell stehen in Großstädten Kleinwagen zur Verfügung. Jeder Benutzer kann (nach Anmeldung) das nächste Fahrzeug nehmen und am Ende der Fahrt auf einem beliebigen öffentlichen Parkplatz abstellen. Die Fahrt kostet 29 Cent pro Minute (inklusive Benzin, Versicherung etc.).

Vergleiche den Preis des Carsharings mit dem Preis eines Einzelfahrscheins von 2,20 € pro Fahrt. Ab wie viel Minuten wird Carsharing teurer als 2 Einzelfahrscheine? Benütze für deine Überlegungen eine Tabelle.

Zeit	1 min	10 min	5 min	15 min	20 min	30 min
Kosten	29 c					

Arbeiten mit Tabellen

1 Vergleiche die Urzeittiere mit heute lebenden Tieren. Vervollständige die Steckbriefe.

5 t schwer, 3 m hoch

150 t schwer, 30 m lang

1 t schwer, 5 m hoch

Riesen der Urzeit.

Der Sauroposeidon war einer der mächtigsten Saurier. Er war ungefähr so lang wie ein Blauwal sowie zirka zehnmal so schwer und sechsmal so hoch wie ein Elefant.

Der Shantungosaurus war der größte Entenschnabelsaurier. Er war etwa halb so lang wie ein Blauwal, viermal so schwer wie ein Elefant und doppelt so hoch wie eine Giraffe.

Das Indricotherium war ein Verwandter des Nashorns und das größte Landsäugetier aller Zeiten. Es war zirka 10 m lang, etwa viermal so schwer wie ein Elefant und zirka 3 m höher als eine Giraffe.

Das Deinotherium ist ein Verwandter des Elefanten. Sein Name bedeutet „schreckliches Tier“. Es war zirka 8 m lang, so hoch wie eine Giraffe und dreimal so schwer wie sein heutiger Verwandter.

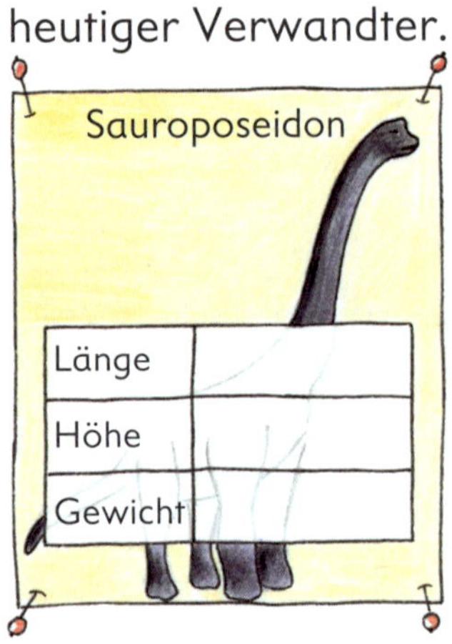

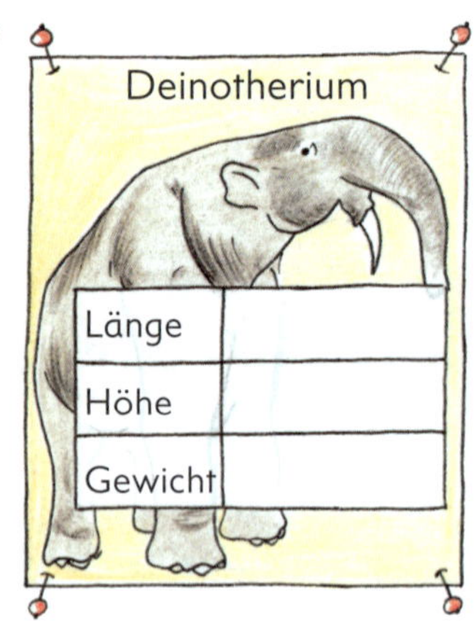

2 Schneller als die Polizei erlaubt – Rekorde der Tierwelt.
Berechne die Geschwindigkeit der Rekordhalter in km/h.
Ergänze die Geschwindigkeitstabellen.

Das schnellste Landtier ist der Gepard. Er erreicht etwa dieselbe Geschwindigkeit wie der schnellste Fisch. Der schnellste Fisch ist der Fächerfisch.

· 60 · 60 : 1 000

Strecke	30 m	1800 m	m		km
Zeit	1 s	1 min	60 min	=	1 h

Der schnellste Hund ist der Windhund.

Strecke	20 m	m	m		km
Zeit	1 s	1 min	60 min	=	1 h

Der schnellste Vogel ist der Wanderfalke.

Strecke	90 m	m	m		km
Zeit	1 s	1 min	60 min	=	1 h

Skizzen als Lösungshilfen

1 Die Bahnstrecke von Wien nach Innsbruck ist 512 km lang.
Sie ist um 100 km länger als die Autoroute.
Wie lang ist die Autoroute?

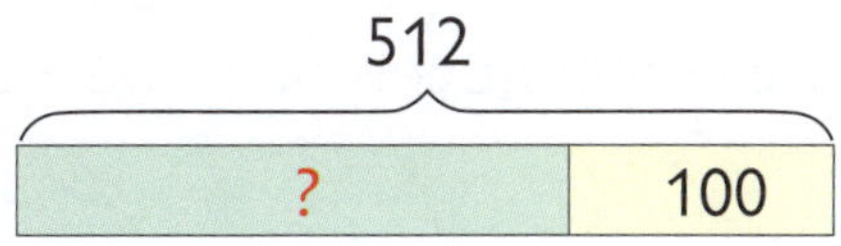

Erkläre mithilfe der Skizze, warum Anton nicht recht hat.

2 Verena kauft ein Buch um 15 €. Jetzt hat sie noch 38 €.
Wie viel Euro hatte sie vorher?

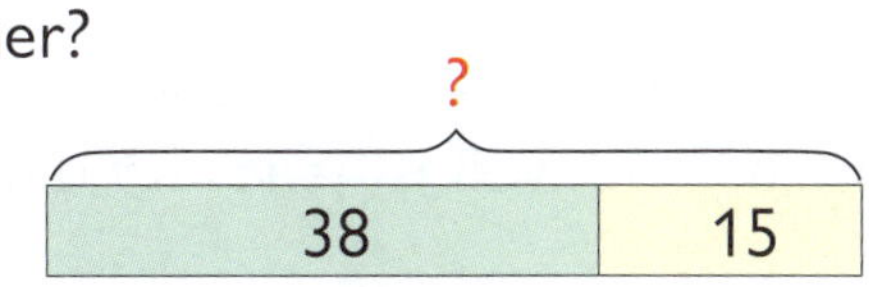

Erkläre mithilfe der Skizze, warum Valerie nicht recht hat.

3 Clemens kauft eine CD um 12,50 €. Jetzt hat er noch 27 €. Wie viel Euro hatte Clemens vorher?

4 Der Kilometerstand zeigt vor der Fahrt 67 453 km an. Das Navigationssystem gibt an, dass das Ziel 238 km entfernt ist. Welchen Kilometerstand hat das Auto nach der Fahrt?

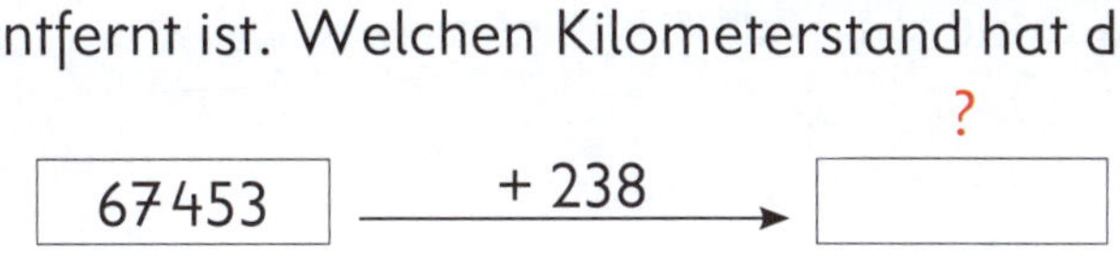

5 Bernhard kauft ein Heft und einen Bleistift und bezahlt 1,18 €.
Katrin kauft ein Heft und 2 Bleistifte. Sie bezahlt 1,67 €.

Wie viel kostet ein Bleistift?

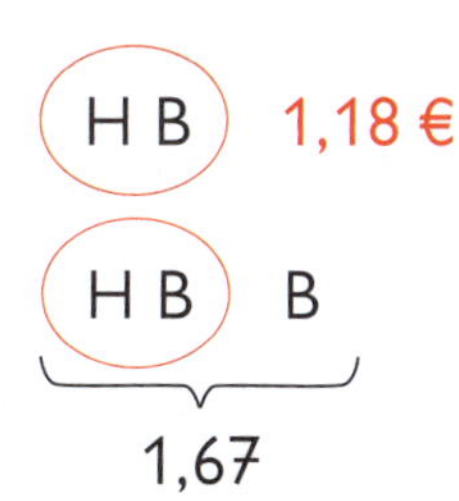

6 Herr Bauer besucht mit seinen zwei Kindern das Museum.
Der Eintritt für einen Erwachsenen und zwei Kinder kostet 14 €.
Oma und Opa Schmid kommen mit ihren fünf Enkelkindern.
Für zwei Erwachsene und fünf Kinder bezahlen sie insgesamt 31 €.
Wie viel kostet der Eintritt für einen Erwachsenen,
wie viel für ein Kind?

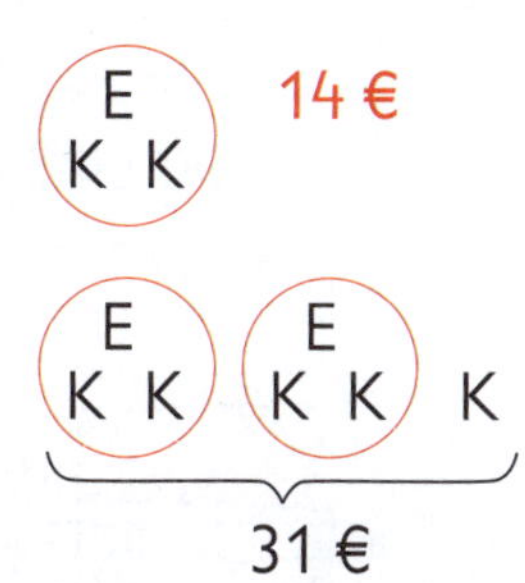

7 Überlege wie bei Aufgabe 5:
Frau Berger und ihre 9-jährige Tochter Lisa besuchen am Sonntag den Tierpark.
Der Eintritt für einen Erwachsenen und ein Kind beträgt 15 €.
Auch Lisas Freundin Lena ist mit ihren Eltern und ihren beiden jüngeren Geschwistern dort. Lenas Familie hat insgesamt 35,50 € Eintritt bezahlt.
Wie teuer ist der Eintritt für einen Erwachsenen, wie teuer für ein Kind?

Skizzen als Lösungshilfen

1 Der 10-jährige Markus fährt mit seinen Eltern und seinen beiden jüngeren Geschwistern mit der Bergbahn. Die Fahrt kostet für einen Erwachsenen doppelt so viel wie für ein Kind. Zusammen bezahlen sie 42 €.
Wie viel kostet die Fahrt für einen Erwachsenen, wie viel für ein Kind?

2 Elisa kauft auf dem Jahrmarkt 2 Muffins und 3 Brezeln. Sie bezahlt 6,60 €. Andreas kauft 1 Muffin und 2 Brezeln. Er bezahlt 3,90 €. Wie viel kostet ein Muffin und wie viel eine Brezel?

3 Sybil und Eneas haben im Schwimmbad zusammen 35 Längen geschafft. Eneas ist 3 Längen mehr geschwommen. Wie weit ist jedes Kind geschwommen?

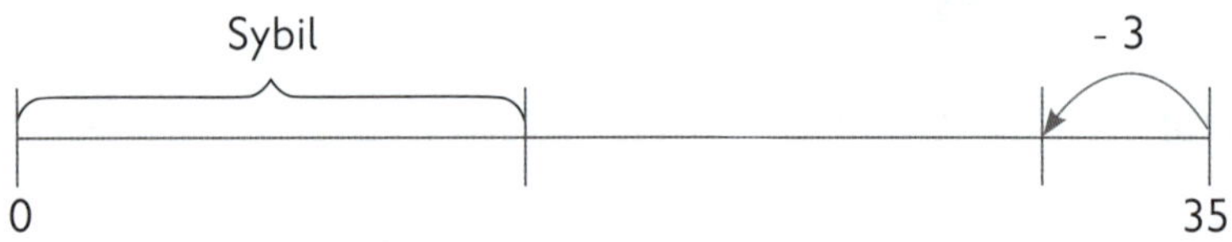

4 Lucy und Dorian haben beim Schnurspringen zusammen 155 Sprünge geschafft. Lucy hat 15 Sprünge mehr gemacht. Zeichne eine Skizze.

5 Ein 100 m langes Kabel wird in zwei Teile zerschnitten. Der eine Teil ist um 7 m länger als das Doppelte des anderen Teils.

6 Am Montag kamen zur Theateraufführung 62 Zuschauer weniger als am Dienstag. An beiden Tagen zusammen besuchten 498 Personen die Aufführung. Wie viele Besucher waren am Dienstag im Theater?

7 a) Frau Schober und Herr Hugl fahren einander mit dem Rad entgegen. Frau Schober legt in der Stunde 12 km zurück, Herr Hugl schafft sogar 16 km. Beide starten um 14.00 Uhr und treffen einander nach $1\frac{1}{4}$ Stunden. Wie weit ist Frau Schober geradelt? Wie weit Herr Hugl? Wie lang ist der Radweg von Haus zu Haus?

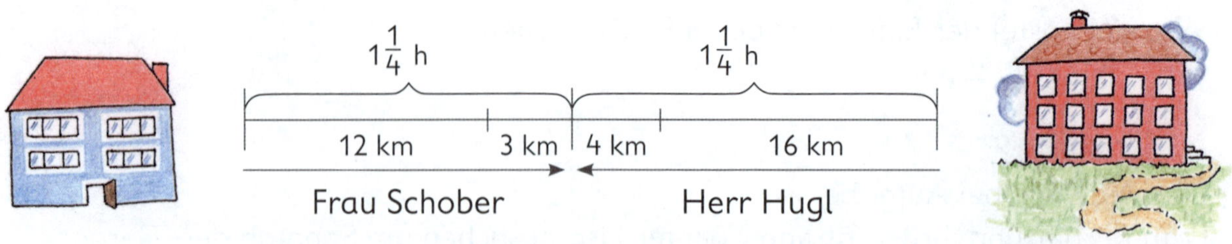

b) Am Sonntag wählen sie eine andere Route. Sie starten beide um 9.00 Uhr und treffen einander nach $2\frac{1}{2}$ Stunden. Wie lang ist dieser Radweg von Haus zu Haus?

Skizzen als Lösungshilfen

1 Tante Josefa spart ein Jahr lang jeden Monat 120 €. Am Ende des Jahres hat sie genauso viel gespart wie Onkel Franz in 8 Monaten. Wie viel hat Onkel Franz monatlich gespart?

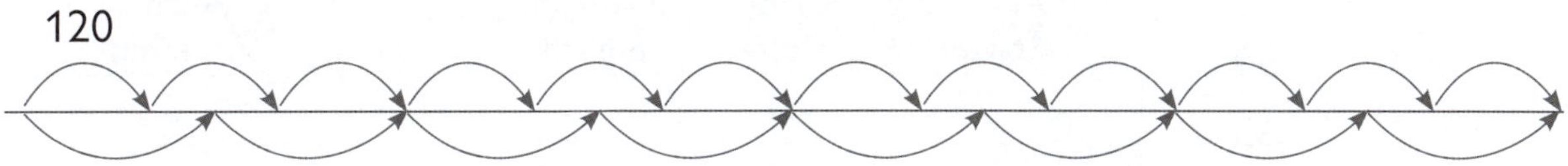

2 Martin füttert seine Katze Tinki und seinen Kater Gismo. Tinki frisst in 3 Tagen eine Dose Katzenfutter. Gismo kommt mit einer Dose Katzenfutter 2 Tage aus. Martin hat einen Karton mit 20 Dosen gekauft. Für wie viele Tage reichen die 20 Dosen?

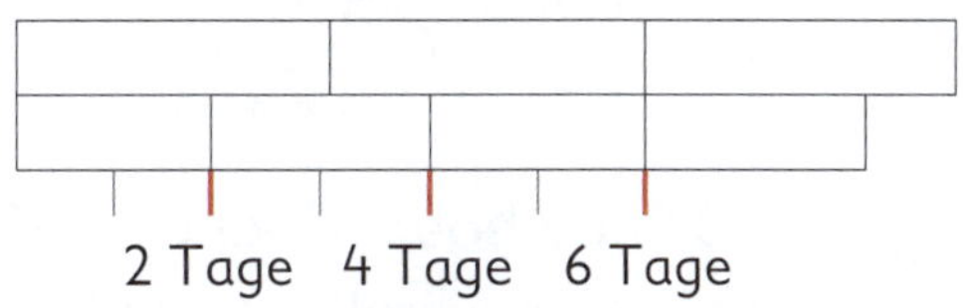

3 Auf einem 750 m langen Straßenstück sollen von Anfang bis zum Ende in gleichen Abständen 6 Laternen aufgestellt werden. Wie groß ist der Abstand zwischen 2 Laternen?

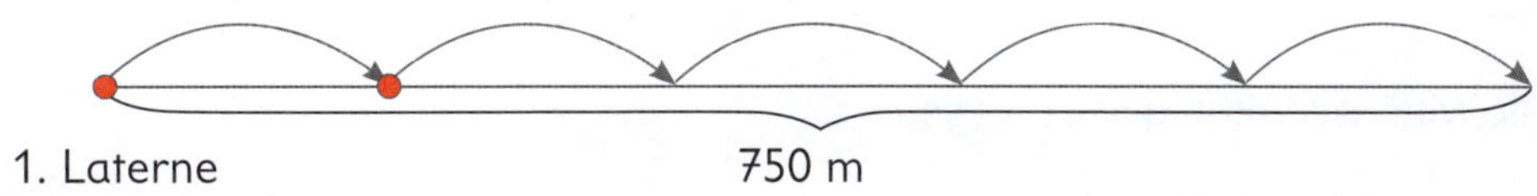

4 Auf einer 60 cm langen Holzleiste sollen 6 Haken montiert werden. Der Abstand des 1. und letzten Hakens zum Rand soll 5 cm betragen. Die Abstände zwischen den Haken sollen gleich groß sein. Zeichne eine Skizze.

5 a) Nicole und Markus rechnen 58 Stunden in Tage um. Erkläre das Ergebnis mithilfe der Skizze.

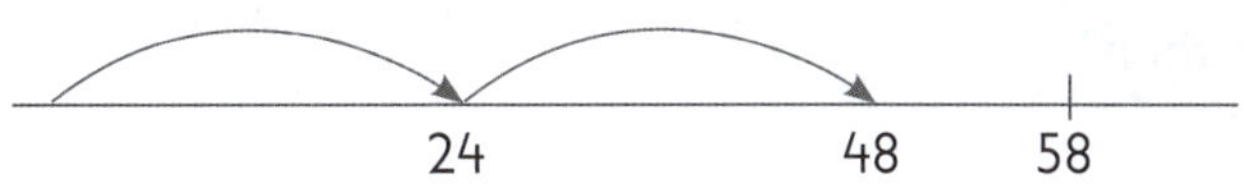

b) Zeichne eine Skizze, die eine Umrechnung von 25 Tagen in Wochen darstellt.

6 Lauro und Adrian haben die Fahrzeit auf unterschiedliche Weise berechnet. Erkläre mithilfe der Skizzen ihre Rechenwege.
Abfahrt: 8.25 Uhr **Ankunft:** 10.10 Uhr

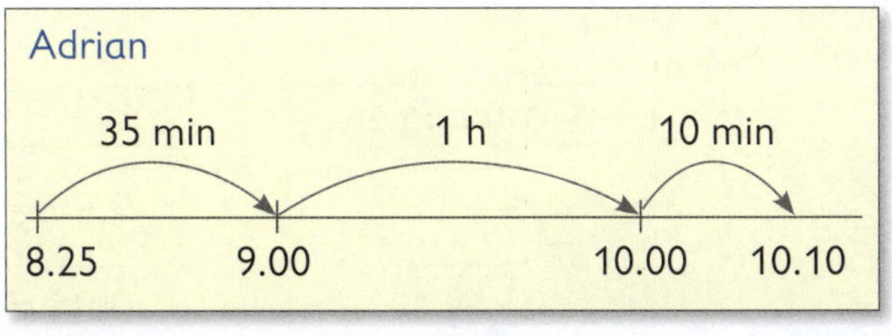

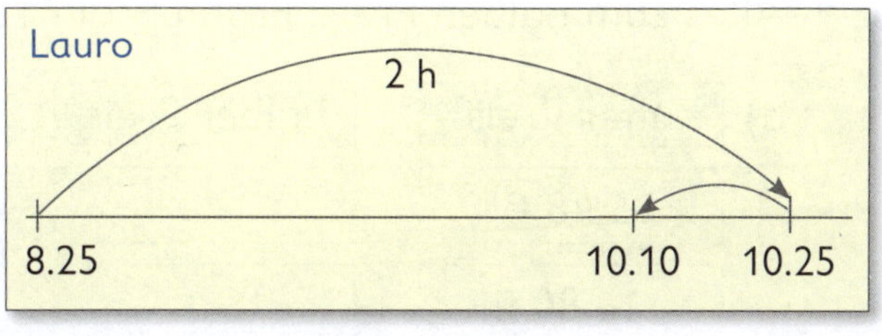

7 Berechne die Fahrzeiten. Stelle deine Überlegungen durch eine Skizze dar.

Abfahrt:	a) 14.52	b) 10.20	c) 18.17	d) 9.24
Ankunft:	16.20	12.35	21.53	13.45

Vermischte Aufgaben

1 Was kannst du für genau 1 € kaufen?
Gib in der Tabelle mindestens 5 weitere Möglichkeiten an.

Spitzer	50 c
Heft	65 c
Bleistift	25 c
Lineal	40 c
Faserstift	75 c
Buntstift	35 c

Anzahl Spitzer	Anzahl Hefte	Anzahl Bleistifte	Anzahl Lineale	Anzahl Faserstifte	Anzahl Buntstifte
2	0	0	0	0	0

2 a) In einem Sportverein gibt es 3 Snowboard-Mannschaften und 4 Ski-Mannschaften.
Jede Snowboard-Mannschaft hat 16 Mitglieder. Jede Ski-Mannschaft hat 25 Mitglieder.
Ordne jeder Frage eine Rechnung zu.

Frage
Wie viele Mannschaften gibt es insgesamt?
Wie viele Mitglieder haben alle Mannschaften zusammen?
Insgesamt sind in den Ski-Mannschaften mehr Mitglieder als in den Snowboard-Mannschaften. Um wie viele Mitglieder?
Um wie viele Ski-Mannschaften gibt es mehr als Snowboard-Mannschaften?

Rechnung
$4 \cdot 25 + 3 \cdot 16$
$4 - 3$
$4 \cdot 3$
$3 \cdot 25 + 4 \cdot 16$
$3 \cdot 25 - 4 \cdot 16$
$4 + 3$
$25 - 16$
$4 \cdot 25 - 3 \cdot 16$

b) Schreibe eine mögliche Frage.

Frage	Rechnung
	$3 \cdot 16$

3 Alles zum halben Preis! Ergänze die Tabelle.

a)

alter Preis	halber Preis
5,48 €	
16,84 €	
35,72 €	
175,50 €	

b)

alter Preis	halber Preis
	9,99 €
	0,85 €
	74,65 €
	584,77 €

Vermischte Aufgaben

1 Eine Familie macht einen Tagesausflug mit dem Rad. Sie planen 2 Pausen ein. Nach jeder Pause radeln sie 1 km weniger als in der Etappe zuvor. Insgesamt fahren sie 45 km. Wie lang sind die 3 Etappen? Zeichne eine Skizze.

2 Ludwig behauptet: „Wenn ich meinen Schulweg innerhalb eines Jahres zusammenzähle, dann gehe ich von Wien bis Graz!“ Kann das stimmen? Überprüfe, indem du für die Entfernung Wien–Graz 200 km annimmst. Ein Schuljahr hat zirka 180 Schultage. Wie lang ist Ludwigs Schulweg ungefähr?

3 a) Die große Dose wiegt 2 kg 80 dag. Die beiden kleinen Dosen sind gleich schwer. Wie viel wiegt eine kleine Dose?

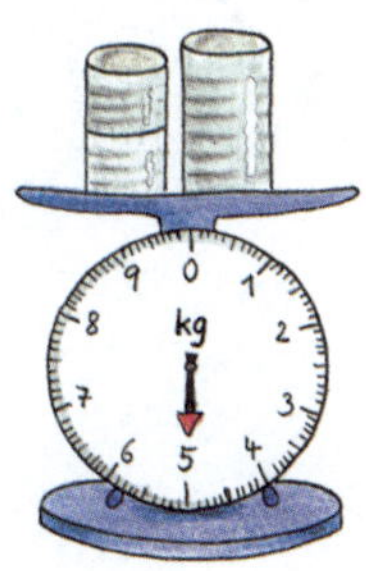

b) Die kleinen Gewichte sind gleich schwer. Wie viel wiegt ein kleines Gewicht?

4 Eine Packung enthält $1\frac{1}{2}$ kg Hamsterfutter. Irene gibt Hamster Bauxi täglich 2 dag Futter. Wie viele Wochen kommt sie mit der Packung aus?

5 Jutta mischt 800 g Müsli.
$\frac{1}{4}$ des Gewichts sind Trockenfrüchte, $\frac{1}{8}$ sind Nüsse und ein weiteres $\frac{1}{8}$ sind Schokokugeln. Der Rest sind Haferflocken. Wie viel Gramm Haferflocken sind im Müsli?

6 Brigitte leert ein Packerl Karottensaft und ein Packerl Orangensaft in den Krug. Markiere am Krug die Höhe der Saftmischung. Anschließend füllt sie mit Wasser auf, sodass sie insgesamt $\frac{1}{2}$ Liter erhält. Wie viel ml Wasser muss sie noch dazugeben?

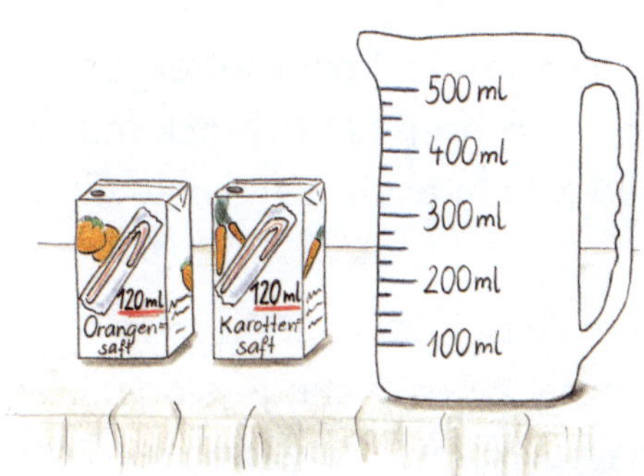

7 Elisabeth kauft 24 Joghurtdrinks in 4er-Packungen. Jede Packung kostet 1,45 €. Ingrid kauft 24 Joghurtdrinks in 6er-Packungen. Sie bezahlt pro Packung 2,20 €. Wer kauft günstiger?

4er-Packung 1,45 €   6er-Packung 2,20 €

Vermischte Aufgaben

1 Mutter hat Geburtstag. Julia und ihre 3 Geschwister kaufen ein Geschenk um 37 €. Jedes der drei Geschwister zahlt gleich viel, nur Julia bezahlt mehr. Finde die Lösung, bei der der Unterschied der Beträge am kleinsten ist.

2 Heinrich teilt mit 2 Freunden 25 Tierbilder. Jeder Freund bekommt gleich viele Bilder. Heinrich bekommt weniger. Finde alle Lösungen.

3 Hier siehst du verschiedene Gebäude.

Bild A

Bild B

Bild C

Welche Körperformen erkennst du in den Gebäuden?

	richtig	falsch
Bild A: Zylinder und Kegel	☐	☐
Bild B: Würfel und Kegel	☐	☐
Bild B: Quader und Pyramide	☐	☐
Bild C: Kegel und Kugel	☐	☐

4 Beachvolleyball wird auf einem 16 m langen und 8 m breiten rechteckigen Spielfeld gespielt. Justus hat im Baumarkt eine 50 m lange Schnur gekauft. Reicht die Länge der Schnur, um ein Beachvolleyball-Feld abzustecken?

5 Im Garten soll ein Klettergerüst aufgestellt werden. Zuvor wird am Boden ein 3 m langes und 4 m breites Rechteck mit Gummiplatten gepflastert. Eine Gummiplatte ist 50 cm lang und 50 cm breit. Wie viele Gummiplatten werden benötigt? Hier hilft dir eine Skizze!

6 Für die Schildkröte Aurelia soll mit 12 m Zaun ein rechteckiges Gehege eingezäunt werden. Das Gehege grenzt an die Hausmauer. Dort braucht es keinen Zaun. Wann ist die eingezäunte Fläche am größten?

7 Ein Klebestift wiegt so viel wie 60 Büroklammern. Ein Bleistift wiegt so viel wie 20 Büroklammern. Wie viele Bleistifte wiegen so viel wie ein Klebestift?

1 Die Tabelle zeigt die beliebtesten Vornamen der Jahre 2004–2010.

	2004	2005	2006	2007	2008	2009	2010
1. Platz	Anna	Leonie	Lena	Lena	Leonie	Sarah	Anna
2. Platz	Sarah	Lena	Leonie	Leonie	Sarah	Anna	Sarah
3. Platz	Leonie	Anna	Sarah	Anna	Anna	Leonie	Lena
4. Platz	Julia	Sarah	Anna	Sarah	Hannah	Lena	Hannah

Welche Namen waren in den Jahren 2004–2010 immer in den Top 4?
In welchen Jahren war Leonie beliebter als Anna?

2 Stella hat die Kinder in ihrer Musikschule befragt, ob ihnen der neueste Nummer-1-Hit aus den Charts gefällt.
In der Musikschule sind 29 Kinder. Mit „Ja" antworteten genauso viele Kinder wie mit „Nein". 11 Kinder sagten „Weiß nicht".
Fülle das Piktogramm vollständig aus.

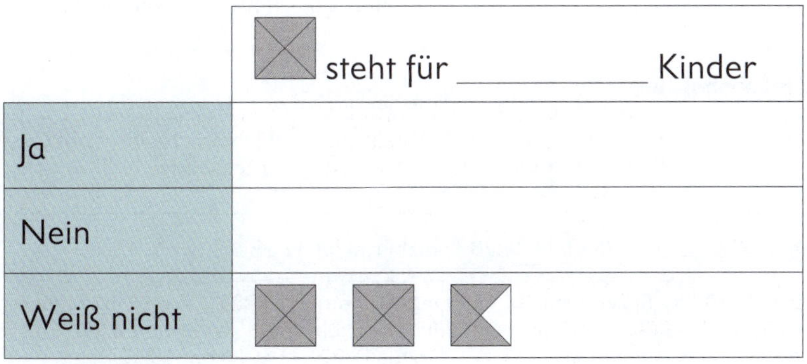

3 Theo hat die Kinder im Sportverein befragt, ob ihnen die neue Vereinsfarbe gefällt.
Im Sportverein sind 27 Kinder. Mit „Ja" antworteten 12 Kinder, „Nein" sagten 6 Kinder. In welchem Diagramm ist das Ergebnis der Umfrage falsch dargestellt?

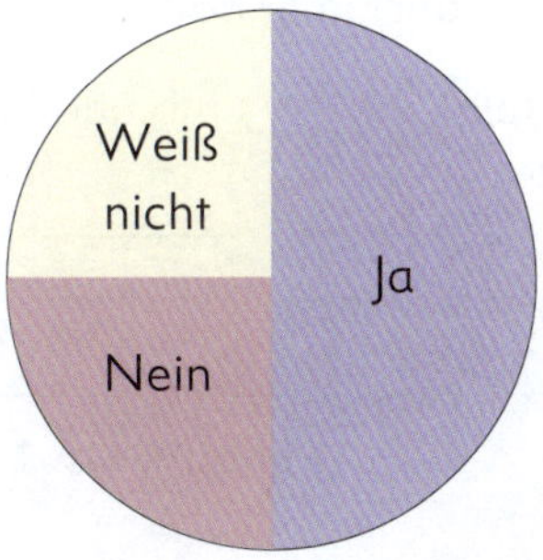

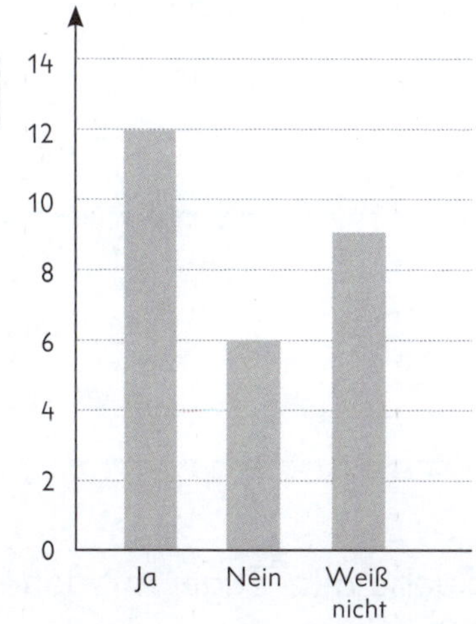

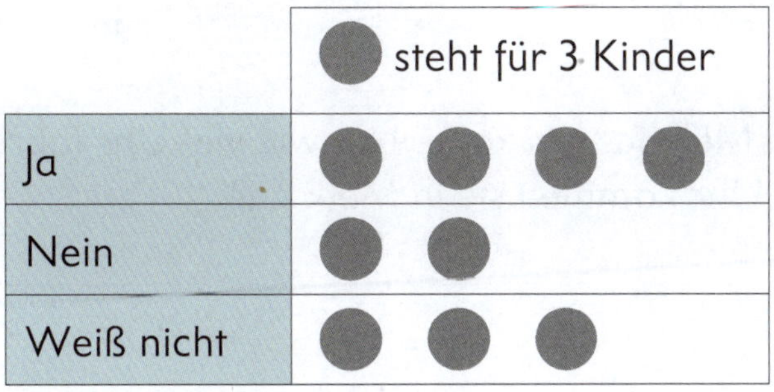

Bahn fahren

1 Hier siehst du einen Ausschnitt des Abfahrtsplans aus dem Hauptbahnhof St. Pölten:

ÖBB	Fahrt	Steig
EZ EZ 5914	St. Pölten Hbf 09:08 - Melk 09:23 - Pöchlarn 09:31 - Krummnußbaum an der Westbahn 09:37 - Ybbs/Donau 9:46 - Amstetten NÖ 10:00 - St. Valentin 10:21 - Linz/Donau Hbf 10:38 - Wels Hbf 10:55 - Bad Schallerbach 11:08 - Neumarkt-Kallham 11:22 - Schärding 11:49 - Passau Hbf 12:04	5
R R 2019	St. Pölten Hbf 09:10 - Pottenbrunn 09:14 - Böheimkirchen 09:19 - Kirchstetten b. Neulengbach 09:24 - Tullnerbach-Pressbaum 09:56 - Unterpurkersdorf 10:10 - Purkersdorf b. Wien Sanatorium 10:13 - Wien Hütteldorf 10:23 - Wien Penzing 10:28 - Wien Westbahnhof 10:33	3
ICE ICE 28	St. Pölten Hbf 09:19 - Linz/Donau Hbf 10:13 - Wels Hbf 10:28 - Passau Hbf 11:20 - Plattling 11:56 - Regensburg Hbf 12:27 - Nürnberg Hbf 13:25 - Würzburg Hbf 14:25 - Hanau Hbf 15:18 - Frankfurt (Main) Hbf 15:36	4CF
ÖBB *IC* OIC 690	St. Pölten Hbf 09:28 - Amstetten NÖ 09:55 - St. Valentin 10:12 - Linz/Donau Hbf 10:29 - Wels Hbf 10:42 - Attnang-Puchheim 10:58 - Vöcklabruck 11:04 - Salzburg Hbf 11:49 - Golling-Abtenau 12:32 - Villach Hbf 14:43	4
ÖBB *IC* OIC 543	St. Pölten Hbf 09:34 - Wien Hütteldorf 10:09 - Wien Westbahnhof 10:18	2
R R 7012	St. Pölten Hbf 09:37 - Markersdorf/Pielach 09:44 - Loosdorf b. Melk 09:50 - Melk 09:56 - Pöchlarn 10:03 - Erlauf 10:11 - Petzenkirchen 10:18 - Wieselburg/Erlauf 10:22 - Mühling/Erlauf 10:26 - Purgstall/Erlauf 10:34 - Scheibbs 10:46	5
REX REX 3293	St. Pölten Hbf 09:47 - Böheimkirchen 09:55 - Neulengbach Stadt 10:03 - Eichgraben-Altlengbach 10:10 - Pressbaum 10:18 - Tullnerbach-Pressbaum 10:20 - Wien Hütteldorf 10:31 - Wien Westbahnhof 10:40	2DF
railjet RJ 162	St. Pölten Hbf 09:57 - Linz/Donau Hbf 10:48 - Salzburg Hbf 11:59 - Innsbruck Hbf 13:51 - Landeck-Zams 14:34 - St. Anton am Arlberg 14:58 - Bludenz 15:33 - Feldkirch 15:46 - Buchs SG 16:06 - Sargans 16:23 - Zürich HB 17:20	4
railjet RJ 765	St. Pölten Hbf 10:04 - Wien Westbahnhof 10:44	2
REX REX 1614	St. Pölten Hbf 10:14 - Prinzersdorf 10:20 - Loosdorf b. Melk 10:27 - Melk 10:32 - Pöchlarn 10:38 - Ybbs/Donau 10:48 - Blindenmarkt b. Amstetten 10:56 - Amstetten NÖ 11:02 - Haag im Mostviertel 11:28 - St.Valentin 11:40	4CF
IC IC 842	St. Pölten Hbf 10:19 - Linz/Donau Hbf 11:13 - Wels Hbf 11:28 - Salzburg Hbf 12:29	4
ÖBB *IC* OIC 862	St. Pölten Hbf 10:28 - Amstetten NÖ 10:55 - St. Valentin 11:12 - Linz/Donau Hbf 11:29 - Wels Hbf 11:42 - Attnang-Puchheim 11:58 - Vöcklabruck 12:04 - Salzburg Hbf 12:49 - Kufstein 14:06 - Wörgl Hbf 14:16 - Jenbach 14:30 - Innsbruck Hbf 14:52 - Telfs-Pfaffenhofen 15:12 - Ötztal 15:22 - Imst-Pitztal 15:32 - Landeck-Zams 15:47	4

Daten nach: http://www.oebb.at; entnommen am 20.5.2011

2 Ergänze mithilfe des Fahrplans:

a) Der RJ 162 fährt in St. Pölten um ________ Uhr auf Steig ________ ab und kommt um ____________ in Zürich an.

b) Der R 7012 fährt in St.Pölten um ________ Uhr auf Steig ________ ab und kommt um 10.18 in ____________________ an.

c) Der ____________ kommt um ____________ in Würzburg an.

d) Der ____________ kommt um 14.52 in ____________________ an.

3 Suche alle Züge, mit denen man nach Melk fahren kann. Um wie viel Uhr fahren diese Züge in St. Pölten ab und um wie viel Uhr kommen sie in Melk an?

EZ 5914: 9.08 – 9.23, ____________________

Bahn fahren

1 Welche Züge empfiehlst du diesen Reisenden? Warum?

a) Frau Berger kommt um 9.03 in den Hauptbahnhof St. Pölten und möchte nach Wien Westbahnhof fahren.

b) Herr Gasser kommt um 9.00 in den Hauptbahnhof St. Pölten und möchte nach Wels fahren.

c) Herr Magerl kommt um 10.06 in den Hauptbahnhof St. Pölten und möchte nach Amstetten fahren.

d) Frau Stollberger kommt um 10.10 in den Hauptbahnhof St. Pölten und möchte nach Salzburg fahren.

2 Vergleiche die Fahrzeiten der verschiedenen Züge.

a) Nach St. Valentin kann man mit dem EZ 5914, dem OIC 690, dem REX 1614 und dem OIC 862 fahren.

b) Nach Wien Westbahnhof kann man mit dem R 2019, dem OIC 543, dem REX 3293 und dem RJ 765 fahren.

3 Wo sind diese Reisenden weggefahren?

a) Frau Hackl ist um 14.43 mit dem OIC 690 in Villach angekommen. Ihre Fahrt hat 2 h 54 min gedauert.

b) Herr Schnell ist nach einer Fahrzeit von 3 h 57 min mit dem ICE 28 um 14.25 in Würzburg angekommen.

4 Stelle zu jeder dieser Rechengeschichten Fragen, die du mithilfe des Fahrplans beantworten kannst!

a) Herr Müller möchte spätestens um 12:00 in Salzburg ankommen. Für die Fahrt von seiner Wohnung zum Bahnhof in St. Pölten benötigt er mindestens 45 min.

b) Herr Bauer ist um 10.48 mit dem RJ 162 weggefahren und war nach 4 h 58 min Fahrzeit am Ziel.

c) Frau Moser und ihre beiden Töchter Ingrid und Lisa fahren von St. Pölten nach Innsbruck. Ihr Zug trifft um 14.52 in Innsbruck ein.

d) Frau Kauffold hat um 11.00 einen wichtigen Termin in Linz. Für die Fahrt vom Linzer Hauptbahnhof zu ihrem Termin benötigt sie 15 min. Von ihrer Wohnung zum Bahnhof in St. Pölten braucht sie mindestens 30 min.

5 Schreibe eine Rechengeschichte. Stelle dazu auch eine Frage, die man mithilfe der Informationen des Fahrplans durch Rechnen beantworten kann.

Schätzen und Rechnen

1 Kreuze an.

Wie viele Jahre sind 1 000 Tage?

- ☐ höchstens 1 volles Jahr
- ☐ höchstens 2 volle Jahre
- ☐ höchstens 3 volle Jahre
- ☐ höchstens 4 volle Jahre

2 Erkläre, wie Toni, Lisa und Paul gerechnet haben.

Wie viele Jahre und Wochen sind 1 000 Tage?

Toni: 1 000 : 7 ist ungefähr 143
52 · 2 = 104
143 – 104 = 39 ⇨ 2 J und 39 W

Lisa: 365 + 365 = 730
1000 – 730 = 270
270 : 7 ist ungefähr 39 ⇨ 2 J und 39 W

Paul: 365 · 3 = 1095
95 : 7 ist ungefähr 13
52 – 13 = 39 ⇨ 2 J und 39 W

3 Kreuze an.

Wie viele Tage sind 1 000 Stunden?

- ☐ höchstens 24 volle Tage
- ☐ höchstens 41 volle Tage
- ☐ höchstens 60 volle Tage
- ☐ höchstens 240 volle Tage

4 Kreuze an.

Wie viele Minuten sind 1 000 Sekunden?

- ☐ höchstens 6 volle Minuten
- ☐ höchstens 10 volle Minuten
- ☐ höchstens 16 volle Minuten
- ☐ höchstens 60 volle Minuten

5 Kreuze an.

Wie viele Minuten sind 10 Tage?

- ☐ 240 Minuten
- ☐ 600 Minuten
- ☐ 1 440 Minuten
- ☐ 14 400 Minuten

1 Kreuze an.

Ungefähr wie weit geht ein Kind mit 1 000 Schritten?

- ☐ ungefähr 100 Meter
- ☐ ungefähr 500 Meter
- ☐ ungefähr 1 000 Meter
- ☐ ungefähr 2 000 Meter

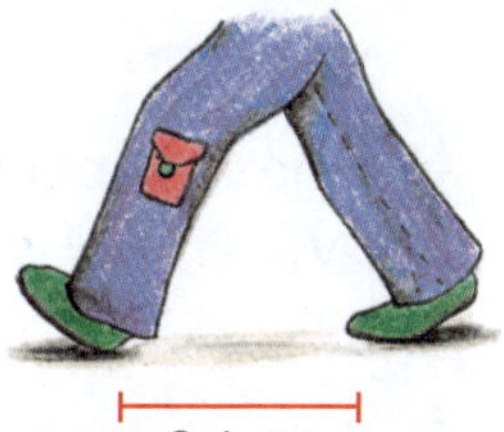

2 Kreuze an.

Ungefähr wie viele Volksschulkinder wiegen zusammen 1 000 kg?

- ☐ 10 Kinder
- ☐ 15 Kinder
- ☐ 35 Kinder
- ☐ 100 Kinder

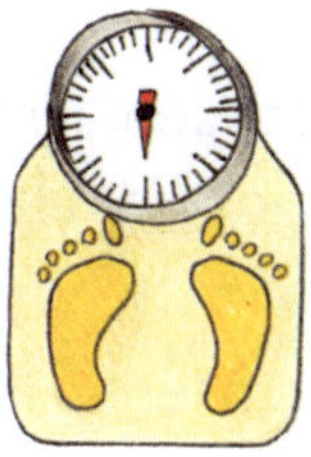

3 Kreuze an.

Wie viele 5-Cent-Münzen ergeben 1 000 Euro?

- ☐ 2 000
- ☐ 5 000
- ☐ 20 000
- ☐ 50 000

4 Kreuze an.

Ungefähr wie viele Meter ergeben 1 000 aneinandergereihte 1-Euro-Münzen?

- ☐ 2 m
- ☐ 5 m
- ☐ 23 m
- ☐ 32 m

5 Kreuze an.

Ungefähr wie hoch wäre ein Turm aus 1 000 1-Euro-Münzen?

- ☐ $\frac{1}{2}$ m
- ☐ 1 m
- ☐ 2 m
- ☐ 5 m

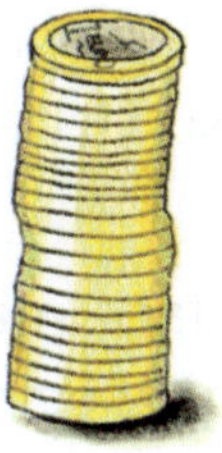

6 Kreuze an.

Ungefähr wie viele 1-Euro-Münzen wiegen 10 kg?

- ☐ 133
- ☐ 1 333
- ☐ 13 333
- ☐ 133 333

Einfach tierisch

1 Ein männliches Leistenkrokodil wiegt etwa 600 kg. Das Gewicht eines Weibchens beträgt nur zirka ein Drittel. Wie viel wiegt ungefähr ein Weibchen?

2 Eine männliche Anakonda (Riesenschlange) wiegt zirka ein Fünftel eines Weibchens. Wie schwer ist eine weibliche Anakonda, wenn das Männchen zirka 20 kg wiegt?

3 Bei den Wiesenameisen ist die Königin etwa dreimal so groß wie eine Arbeiterin. Die Königin ist zirka 9 mm lang. ?

4 Ein erwachsener männlicher Eisbär ist ungefähr doppelt so schwer wie ein Weibchen. Er wiegt im Durchschnitt etwa 500 kg. ?

5 Ein erwachsener männlicher Löwe ist ungefähr um 55 kg schwerer als ein Weibchen. Er wiegt im Durchschnitt etwa 180 kg. ?

6 Ein Leopardenjunges wiegt bei der Geburt ungefähr 500 g. Ein männlicher Leopard wiegt ungefähr 150-mal so viel. ?

7 Ein männlicher sibirischer Tiger wiegt zirka 200 kg. Eine Hauskatze wiegt zirka 4 kg. Wie viele Hauskatzen wiegen zusammen ungefähr so viel wie ein Tiger?

8 Der kleinste aller Vögel ist die Bienenelfe.
Die Flügelspannweite beträgt etwa 8 cm.
Ein Albatros hat ungefähr die 40-fache Spannweite. ?

9 Ein Blauwalbaby wiegt bei der Geburt zirka 2 500 kg. Ein ausgewachsener Blauwal wiegt bis etwa 60-mal so viel. ?

10 Ein Hühnerei wiegt zirka 60 g.
Ein Straußenei wiegt ungefähr 1 800 g.
Wie viele Hühnereier wiegen zusammen ungefähr so viel wie ein Straußenei?

11 Eine Nachtschwalbe hat einen etwa 8 mm langen Schnabel.
Der Schnabel eines Brillenpelikans ist zirka 48 cm lang.
Um wievielmal ist der Pelikanschnabel länger?

12 a) Eine Stute und ihr Fohlen wiegen zusammen 550 kg. Die Mutter ist 450 kg schwerer als das Fohlen. Wie schwer ist die Stute? Wie schwer das Fohlen?

b) Eine Mausmutter und ihr Junges wiegen zusammen 26 Gramm. Die Mutter ist um 24 Gramm schwerer als das Jungtier. ?

Einfach tierisch

1 Kennst du diese Tiere? Die Grafik zeigt, wie tief diese Lebewesen ungefähr tauchen.

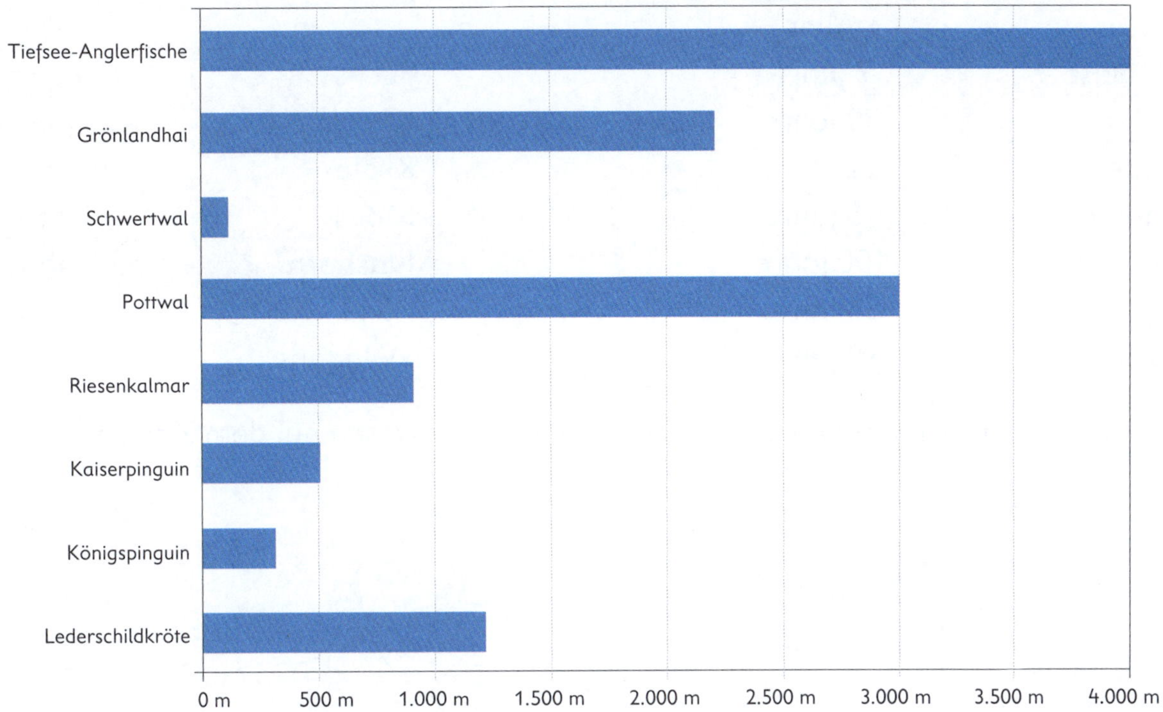

a) Welche Tiefe kann ein Pottwal erreichen? ____________________

b) Welches Lebewesen taucht bis in eine Tiefe von etwa 1 200 m? ____________________

c) Die Tauchtiefe eines Riesenkalmars ist zirka 3-mal so groß wie die eines ____________________ .

d) ____________________ leben in einer Tiefe von ungefähr 4 000 m.

e) Grönlandhaie tauchen etwa __________ m tiefer als Lederschildkröten.

f) Die Tauchtiefe eines Pottwals ist zirka __________-mal so tief wie die eines Kaiserpinguins.

2 Richtig oder falsch?

	R	F
a) Schwertwale erreichen eine Tiefe von 1 000 m.	☐	☐
b) Kaiserpinguine tauchen tiefer als Königspinguine.	☐	☐
c) Pottwale können über 2 000 m tiefer tauchen als Riesenkalmare.	☐	☐
d) Die geringste Tiefe erreicht der Königspinguin.	☐	☐
e) Ein Pottwal taucht etwa doppelt so tief wie ein Grönlandhai.	☐	☐
f) Die Tauchtiefe eines Pottwals ist etwa 10-mal so tief wie die eines Königspinguins.	☐	☐

Einfach tierisch

1 Die Tabelle zeigt das mögliche Lebensalter einiger Lebewesen.

a)

	Alter
Ameise	7 Jahre
Bär	50 Jahre
Ente	22 Jahre
Hund	15 Jahre
Kakadu	100 Jahre
Löwe	35 Jahre
Uhu	70 Jahre

b)

Fuchs	15 Jahre
Karpfen	120 Jahre
Kröte	40 Jahre
Maus	3 Jahre
Nashorn	55 Jahre
Regenwurm	10 Jahre
Wildgans	80 Jahre

Entnimm das Lebensalter der Tabelle und trage die Lebewesen auf dem Zahlenstrahl ein.

a)

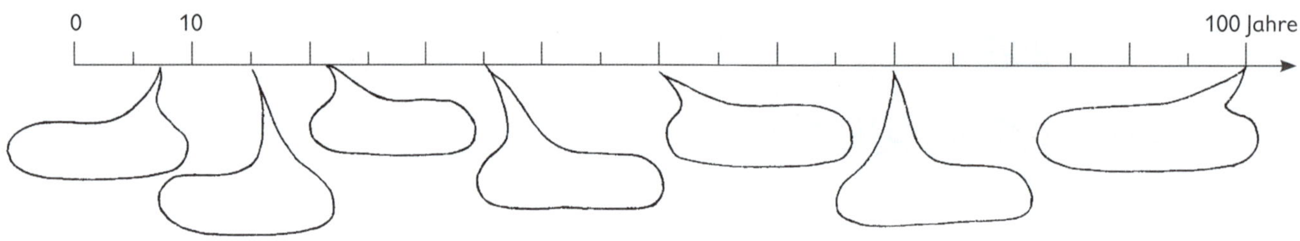

b)

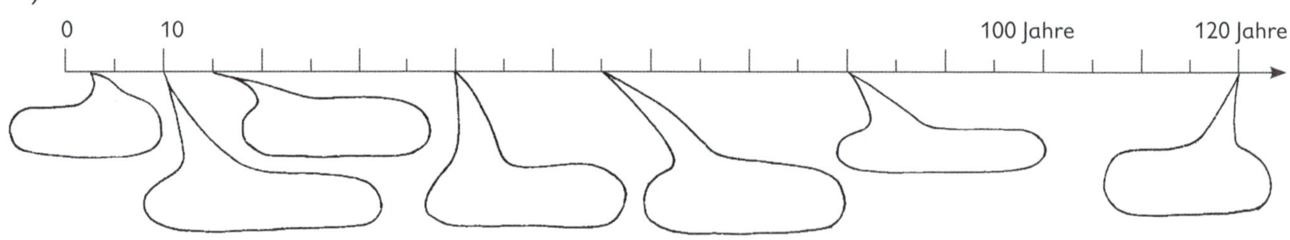

2 In welcher Grafik ist das Lebensalter von Regenwurm, Ente, Bär und Uhu richtig dargestellt? Kreuze an.

a) ☐

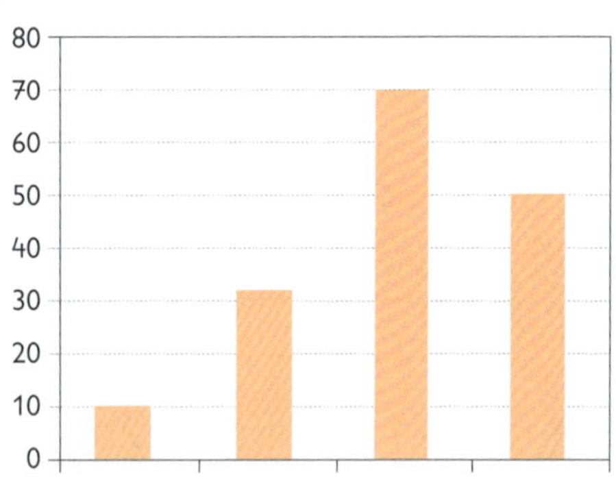

b) ☐

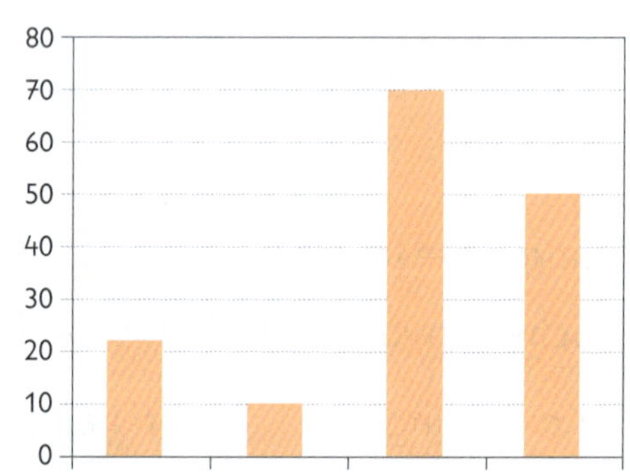

c) ☐

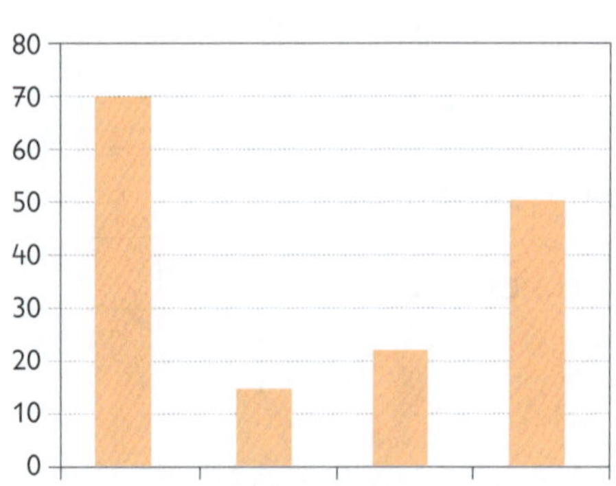

d) ☐

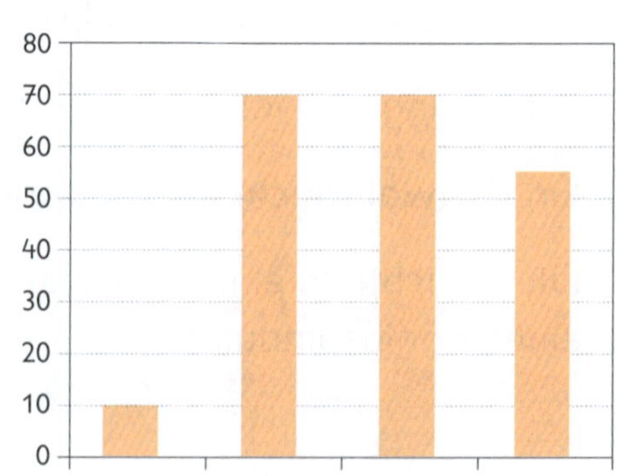

Einfach tierisch

1 Die Tabelle gibt das ungefähre Gewicht einiger Lebewesen an.

	ungefähres Gewicht
Elefant	5 t
Gaur	1 200 kg
Nashorn	3 500 kg
Seeelefant	3 t
Mantarochen	1 500 kg
Weißer Hai	2 t
Mondfisch	2 200 kg

Trage im unten stehenden Diagramm die fehlenden Werte ein und beschrifte das Diagramm vollständig.

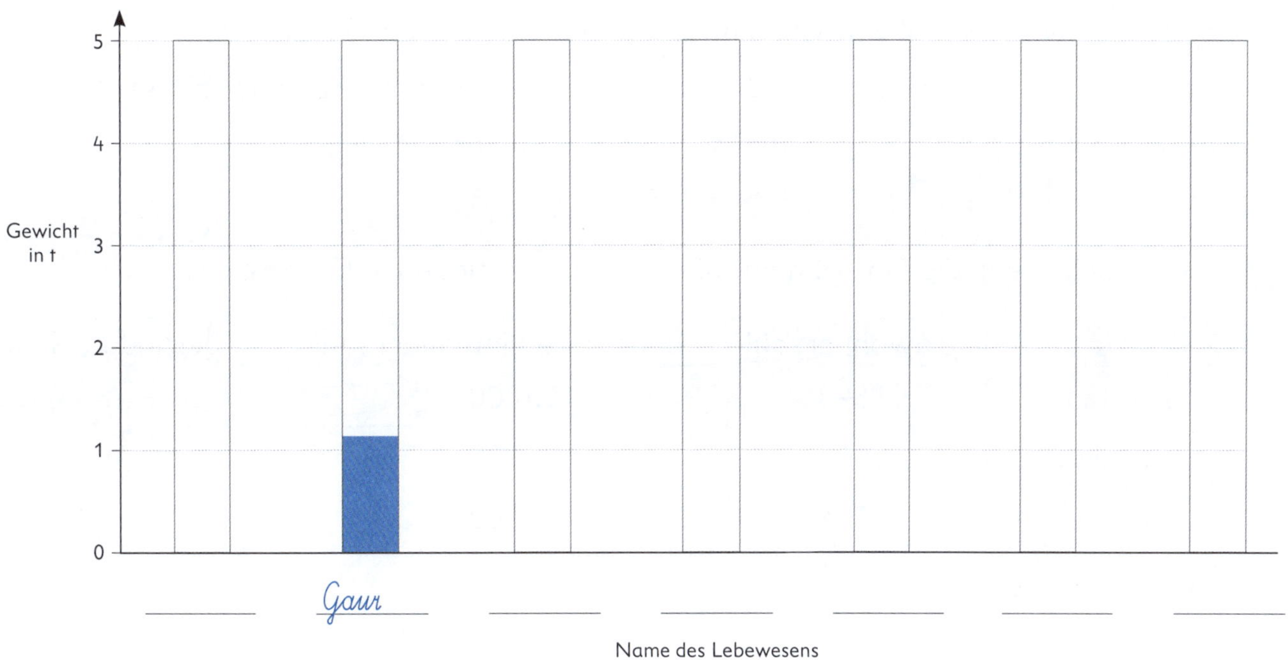

2 Richtig oder falsch?

	R	F
a) Der Seeelefant ist schwerer als ein Elefant.		
b) 5 Weiße Haie wiegen etwa so viel wie 3 Elefanten.		
c) Ein Seeelefant wiegt etwa so viel wie zwei Mantarochen.		
d) Ein Mondfisch kann schwerer werden als ein Weißer Hai.		
e) Ein Elefant ist schwerer als 3 ausgewachsene Nashörner.		
f) 6 Gaure wiegen etwa so viel wie 2 Seeelefanten.		
g) Ein Mantarochen und ein Nashorn wiegen zusammen etwa so viel wie ein Elefant.		

Einwohnerzahlen

1 Die Tabelle zeigt die Einwohnerzahlen von 5 Gemeinden in Österreich.

	Einwohnerzahl	ungefähre Einwohnerzahl	gerundete Stelle
Wien	1714142	2000000	M
Linz	189367	200000	
Hallein	19864	20000	
Murau	2096	2000	
Unterperfuss	198	200	

Daten nach: Statistik Austria; Stand vom 1.1.2011

a) Ergänze in der Tabelle die Stelle, auf die gerundet wurde.

b) Welcher Ort hat zirka 2000 Einwohner? ________________

c) Die Einwohnerzahl von Wien ist zirka 100-mal so groß wie die von ___________.

d) ___________ hat zirka 1000-mal so viele Einwohner wie Unterperfuss.

e) Wien hat zirka ________-mal so viele Einwohner wie Linz.

2 Die Tabelle zeigt die Einwohnerzahlen von 4 Gemeinden in Österreich.

	Einwohnerzahl	ungefähre Einwohnerzahl	gerundete Stelle
St. Pölten	51548	50000	
Schärding	5052	5000	
Möggers	536	500	
Gramais	53	50	

Daten nach: Statistik Austria; Stand vom 1.1.2011

a) Ergänze in der Tabelle die Stelle, auf die gerundet wurde.

b) Welcher Ort hat zirka 50000 Einwohner? ________________

c) Die Einwohnerzahl von Schärding ist zirka 10-mal so groß wie die von ______________.

d) ______________ hat zirka 1000-mal so viele Einwohner wie Gramais.

e) St. Pölten hat zirka ________-mal so viele Einwohner wie Möggers.

3 Richtig oder falsch?

	R	F
a) Hallein hat zirka 10-mal so viele Einwohner wie Murau.	☐	☐
b) Unterperfuss hat weniger Einwohner als Gramais.	☐	☐
c) Wien ist mehr als 100-mal so groß wie St. Pölten.	☐	☐

Einwohnerzahlen

1 Die Tabelle zeigt die Bevölkerungsentwicklung in Österreich 2001–2011.

	2001	2011
Burgenland	275 956	284 897
Kärnten	559 571	558 271
NÖ	1 539 416	1 611 981
OÖ	1 373 134	1 412 640
Salzburg	514 851	531 721
Steiermark	1 182 441	1 210 614
Tirol	671 492	710 048
Vorarlberg	350 129	369 938
Wien	1 553 956	1 714 142

Daten nach: Statistik Austria: Statistik des Bevölkerungsstandes. Erstellt am: 19.05.2011

a) In welchem Bundesland hat die Bevölkerung abgenommen? ______________

b) In welchem Bundesland hat die Bevölkerung um mehr als 100 000 Einwohner zugenommen? ______________

c) In welchen Bundesländern hat die Bevölkerung um zirka 40 000 Einwohner zugenommen? ______________ und ______________

d) Welches Bundesland hat die wenigsten Einwohner? ______________

2 Die Grafik zeigt die Einwohnerzahlen der 9 Bundesländer im Jahr 2011.
Trage unter den Balken das jeweilige Bundesland ein.
Verwende die Abkürzungen B, K, NÖ, OÖ, S, Stm, T, V, W

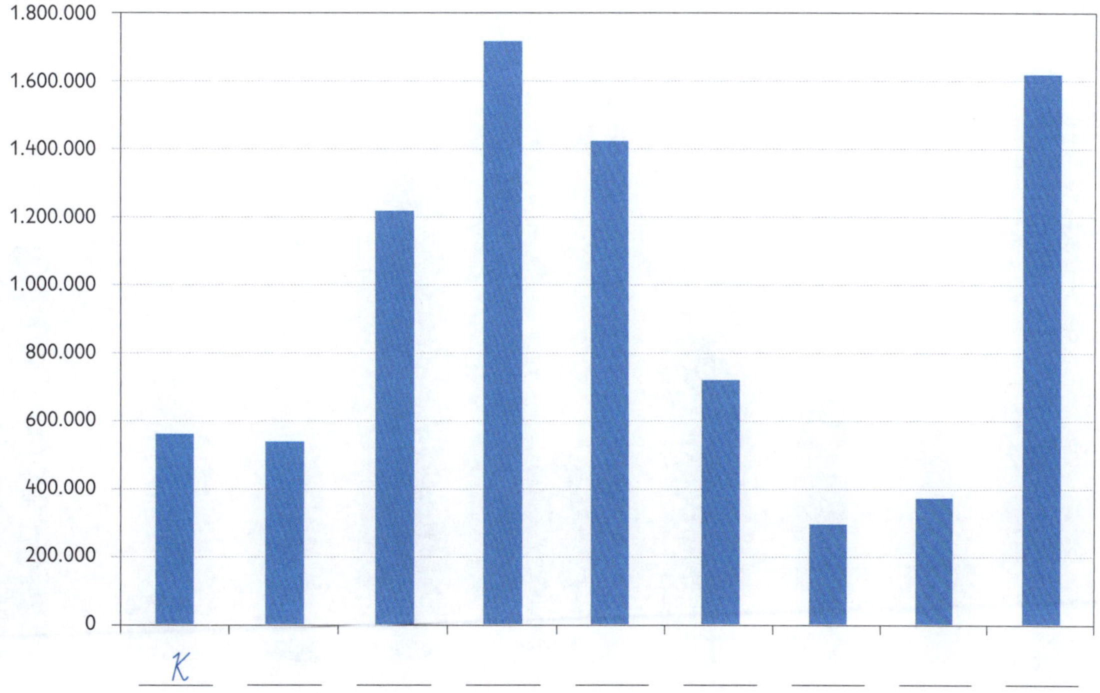

Einwohnerzahlen

1 Die Tabelle zeigt die Bevölkerung der Landeshauptstädte.

	Einwohnerzahl	Einwohnerzahl (gerundet)
Eisenstadt	12 995	10 000
Klagenfurt	94 303	
St. Pölten	51 956	
Linz	189 367	
Salzburg	148 078	
Graz	261 540	
Innsbruck	120 147	
Bregenz	27 784	
Wien	1 714 142	

Daten nach: Statistik Austria: Statistik des Bevölkerungsstandes. Erstellt am: 19.05.2011

a) Runde jeweils die Einwohnerzahl auf die ZT-Stelle.

b) Linz hat zirka 40 000 Einwohner mehr als ____________.

c) Eisenstadt hat zirka 40 000 Einwohner weniger als ____________.

d) Salzburg hat zirka ______-mal so viele Einwohner wie St. Pölten.

2 Die Grafik zeigt die Einwohnerzahlen der Landeshauptstädte (ohne Wien).
Trage unter den Balken die jeweilige Landeshauptstadt ein.
Verwende die Abkürzungen E, K, St. P, L, S, G, I, B.

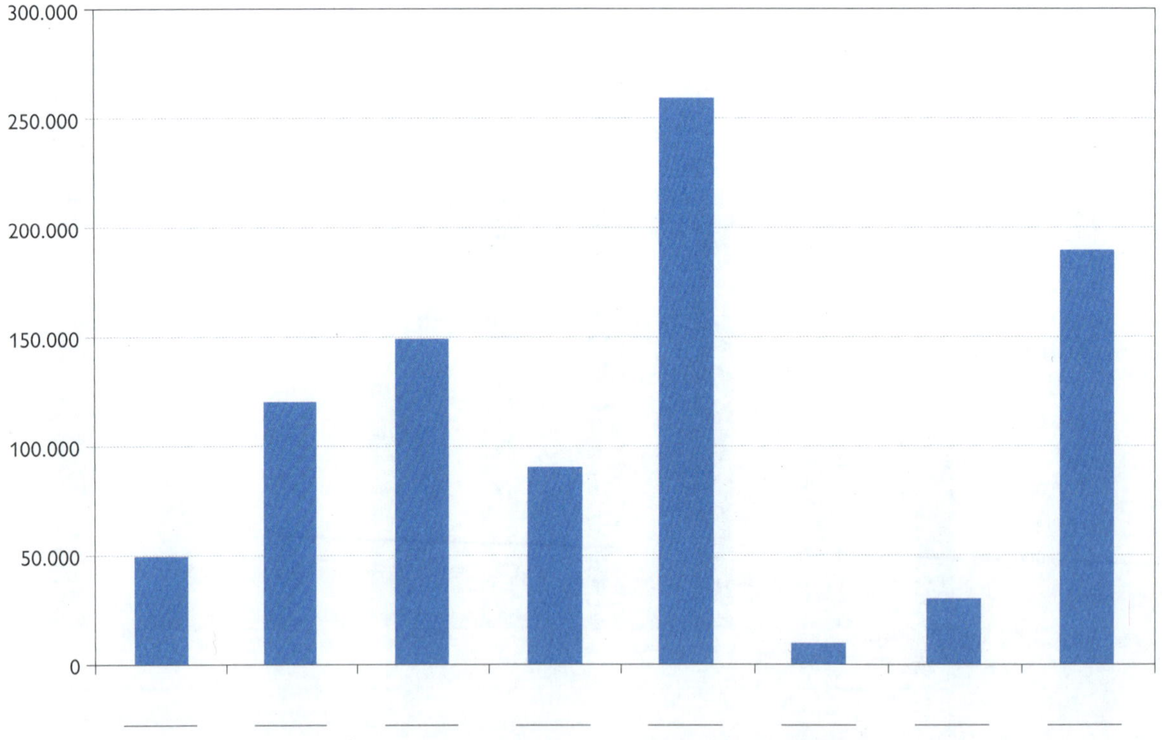